John T. Newmah

Análise comparativa de características agro-morfológicas em germoplasma de arroz

John T. Newmah

Análise comparativa de características agro-morfológicas em germoplasma de arroz

ScienciaScripts

Imprint

Any brand names and product names mentioned in this book are subject to trademark, brand or patent protection and are trademarks or registered trademarks of their respective holders. The use of brand names, product names, common names, trade names, product descriptions etc. even without a particular marking in this work is in no way to be construed to mean that such names may be regarded as unrestricted in respect of trademark and brand protection legislation and could thus be used by anyone.

Cover image: www.ingimage.com

This book is a translation from the original published under ISBN 978-3-330-32820-4.

Publisher:
Sciencia Scripts
is a trademark of
Dodo Books Indian Ocean Ltd. and OmniScriptum S.R.L publishing group

120 High Road, East Finchley, London, N2 9ED, United Kingdom
Str. Armeneasca 28/1, office 1, Chisinau MD-2012, Republic of Moldova, Europe
Printed at: see last page
ISBN: 978-620-7-49244-2

Índice

CAPÍTULO 1

Agradecimentos:

Agradecemos às autoridades da Direção de Investigação do Arroz, Índia, a autorização e a assistência prestada para a realização deste trabalho de investigação nas suas instalações em Rejandranagar. A investigação foi apoiada pela Universidade Agrícola Acharya N.G.Ranga da Índia, pelo Conselho Indiano de Investigação Agrícola, pelo Governo da Libéria através do Ministério da Agricultura, pelo Instituto Central de Investigação Agrícola da Libéria e pelo Instituto Internacional de Investigação do Arroz (Filipinas).

Resumo:

O arroz é a segunda cultura alimentar cerealífera mais importante que alimenta continuamente a população mundial. Por conseguinte, a fenotipagem e a avaliação de um pequeno núcleo de germoplasma de arroz (*Oryza sativa* L) constituíram uma base genética primária para compreender algumas características agronómicas associadas ao rendimento e ao tipo de planta. Até à data, a caraterização do germoplasma de arroz continua a ser um desafio para as estações nacionais de investigação agrícola, no sentido de se avançar, conceber e promover um programa de melhoramento genético das culturas. No entanto, a caraterização morfo-agronómica de duas variedades parentais de arroz (*subespécies* tropicais *de japonica* e *indica)* e as suas populações segregantes F2:3 derivadas foram conduzidas para avaliar parâmetros importantes de rendimento e características relacionadas. Os estudos mostraram um elevado nível significativo de variabilidade e correlações entre caracteres analisados em ambos os materiais parentais e F2:3. Os resultados podem ser úteis para reforçar os cientistas agrícolas na conceção de um programa de melhoramento genético que irá desencadear o aumento da produtividade do arroz para mitigar a crescente procura de alimentos.

Introdução:

O arroz é a segunda cultura alimentar mais importante consumida pela população mundial. Desempenha um papel central no desenvolvimento agrícola e no tecido socioeconómico tangível e nos produtos internos brutos sustentáveis de qualquer nação. Por conseguinte, para facilitar uma dimensão mais alargada do papel do arroz no emprego, na ingestão de calorias para evitar a subnutrição das crianças, das mulheres grávidas e dos idosos, deve ser efectuada a caraterização genética dos parâmetros agro-morfológicos dos genes associados ao rendimento e ao tipo de planta para aumentar a produtividade. Estudos semelhantes sobre a avaliação da diversidade do arroz foram relatados por Yawen et al. 2003, Fukuoka et al., (2006), Yibo et al. (2010), Bajracharya et al. (2006) O papel do arroz na agricultura é fascinante em várias dimensões, uma vez que proporciona cerca de 60-80% das oportunidades de emprego aos habitantes urbanos e rurais, ingestão de calorias para evitar a subnutrição das crianças, mulheres grávidas e idosos, cerimónias culturais e rituais e, mais ainda, um modo de vida tradicional. Hoje em dia, o papel principal do arroz na agricultura continua a ser notável, uma vez que é uma cultura alimentar básica para uma grande parte da crescente população humana mundial, entre outras culturas importantes, e é a única cultura que pode ser cultivada praticamente em qualquer lugar. A cultura do arroz é a única que responde às preocupações associadas à segurança alimentar e possui um grande potencial para evitar as ameaças da fome, apesar dos desafios do meio ambiente numa explosão demográfica sem precedentes, da vulnerabilidade das alterações das culturas agrícolas devido a fenómenos climáticos erráticos, das tensões abióticas e bióticas, da degradação dos solos e das terras, entre outras situações ameaçadoras. Cerca de 95% do arroz mundial é produzido nos países em desenvolvimento, mas principalmente na Ásia, que representa quase 59% da produção mundial de arroz (Chakraborty, 2001). Anon, (2013) relatou que a produção mundial de arroz (2013-14) foi de 475,57 milhões de toneladas métricas, cerca de 0,82 milhões de toneladas a mais do que as projecções anteriores e que a produção de arroz no ano passado foi de 471,27 milhões de toneladas. O ano de 2014, estimado em 475,57 milhões de toneladas, poderá representar um aumento de 4,31 milhões de toneladas ou 0,91% na produção de arroz em todo o mundo (http://www.worldriceproduction.com). O objetivo do estudo foi caraterizar e avaliar duas linhas parentais de arroz e as suas 94 populações segregantes e poder criar informação genética de base para facilitar os programas de melhoramento genético de plantas de arroz.

Materiais e métodos

O presente estudo foi realizado durante o *rabi/kharif* de 2012-13 na Direção de Investigação do Arroz (DRR), Rajendranagar, Hyderabad, Estado de Telangana, Índia. De um total de 96 materiais (Quadro 1) avaliados, dois progenitores (uma subespécie *indica* e uma subespécie *japonica* tropical) foram hibridizados para o desenvolvimento de noventa e quatro (94) populações segregantes F2:3. As duas (2) linhas parentais foram fenotipadas juntamente com as suas 94 linhas segregantes numa parcela única de 57,6 cm² com um espaçamento de 20 cm x 15 cm). As práticas de gestão das culturas foram corretamente executadas, sustentando o crescimento saudável dos materiais de arroz durante o período de estudo da investigação. Os fertilizantes foram aplicados no campo principal à taxa de 100 kg de nitrogénio, 40 kg de fósforo e 60 kg de muriato de potássio ha^{-1} . O fertilizante azotado foi aplicado em três fases de crescimento, a *saber,* um quarto na fase basal, metade no perfilhamento ativo e um quarto no início da panícula. Tanto o fósforo quanto o Muriato de Potássio foram aplicados em dose única no solo empoçado.

Os materiais de arroz, juntamente com as populações segregantes, foram caracterizados e avaliados relativamente a vinte e oito (28) parâmetros relacionados com o rendimento em diferentes fases de crescimento (Quadro 2). Os parâmetros relacionados com o enchimento do grão e o rendimento avaliados foram: comprimento da panícula, comprimento e largura da bandeira, comprimento e largura abaixo da folha bandeira, comprimento do colmo, número de perfilhos produtivos, perfilhos não produtivos, rendimento de uma única planta, peso de 100 grãos cheios, data de colheita do grão, data de floração de 50 por cento, ramificação secundária da panícula, esforço da panícula, arquitetura da folha, comprimento do grão, largura do grão, awn e topologia da panícula (composta por: espiguetas primárias superiores, grãos primários superiores, espiguetas secundárias superiores, grãos secundários superiores, espiguetas primárias inferiores, grãos primários inferiores, espiguetas secundárias inferiores, grãos secundários inferiores, espiguetas totais e grãos totais. Os materiais da investigação em estudo foram caracterizados conforme registado. Os materiais foram registados conforme descrito nos manuais do IBPGR-IRRI (1980), IRRI, (1988), IRTP (1988), Biodiversity International, IRRI e WARDA Rice Descriptor (2007).

Tabela 1. Populações segregantes F2:3 seleccionadas a partir de sementes F1 de Sampada/TJP19

S. No	Code	S. No	Code	S. No	Code
1	$F_{2:3}$-1	33	$F_{2:3}$-49	65	$F_{2:3}$-87
2	$F_{2:3}$-2	34	$F_{2:3}$-50	66	$F_{2:3}$-88
3	$F_{2:3}$-3	35	$F_{2:3}$-52	67	$F_{2:3}$-89
4	$F_{2:3}$-6	36	$F_{2:3}$-53	68	$F_{2:3}$-93
5	$F_{2:3}$-7	37	$F_{2:3}$-56	69	$F_{2:3}$-94
6	$F_{2:3}$-9	38	$F_{2:3}$-58	70	$F_{2:3}$-96
7	$F_{2:3}$-11	39	$F_{2:3}$-59	71	$F_{2:3}$-97
8	$F_{2:3}$-13	40	$F_{2:3}$-60	72	$F_{2:3}$-99
9	$F_{2:3}$-16	41	$F_{2:3}$-61	73	$F_{2:3}$-100
10	$F_{2:3}$-17	42	$F_{2:3}$-62	74	$F_{2:3}$-104
11	$F_{2:3}$-18	43	$F_{2:3}$-63	75	$F_{2:3}$-105
12	$F_{2:3}$-20	44	$F_{2:3}$-64	76	$F_{2:3}$-106
13	$F_{2:3}$-21	45	$F_{2:3}$-65	77	$F_{2:3}$-108
14	$F_{2:3}$-22	46	$F_{2:3}$-66	78	$F_{2:3}$-109
15	$F_{2:3}$-23	47	$F_{2:3}$-67	79	$F_{2:3}$-112
16	$F_{2:3}$-24	48	$F_{2:3}$-68	80	$F_{2:3}$-113
17	$F_{2:3}$-26	49	$F_{2:3}$-69	81	$F_{2:3}$-114
18	$F_{2:3}$-27	50	$F_{2:3}$-70	82	$F_{2:3}$-115
19	$F_{2:3}$-31	51	$F_{2:3}$-72	83	$F_{2:3}$-118
20	$F_{2:3}$-32	52	$F_{2:3}$-74	84	$F_{2:3}$-119
21	$F_{2:3}$-33	53	$F_{2:3}$-75	85	$F_{2:3}$-120
22	$F_{2:3}$-34	54	$F_{2:3}$-76	86	$F_{2:3}$-121
23	$F_{2:3}$-35	55	$F_{2:3}$-77	87	$F_{2:3}$-122
24	$F_{2:3}$-36	56	$F_{2:3}$-78	88	$F_{2:3}$-123
25	$F_{2:3}$-37	57	$F_{2:3}$-79	89	$F_{2:3}$-125
26	$F_{2:3}$-39	58	$F_{2:3}$-80	90	$F_{2:3}$-126
27	$F_{2:3}$-40	59	$F_{2:3}$-81	91	$F_{2:3}$-129
28	$F_{2:3}$-42	60	$F_{2:3}$-82	92	$F_{2:3}$-136
29	$F_{2:3}$-43	61	$F_{2:3}$-83	93	$F_{2:3}$-137
30	$F_{2:3}$-44	62	$F_{2:3}$-84	94	$F_{2:3}$-139
31	$F_{2:3}$-45	63	$F_{2:3}$-85	95	Sampada (P_1)
32	$F_{2:3}$-48	64	$F_{2:3}$-86	96	TJP 19 (P_2)

Tabela 2. Parâmetro de crescimento avaliado para rendimento e tipo de planta durante *rabi/kharif* 2013

S. No	Growth Parameter	Growth stage	S. No	Growth parameter	Growth stage
1	Days to heading	Initiation of flowering	15	100-filled seed (grain)	After harvest of rice accessions at 13 % moisture content
2	50% flowering	After flowers initiation	16	Top primary spikelets	
3	Days to maturity	After 50% flowering to 80% of spikelets ripen	18	Top primary grain	
4	Panicle length	After flowering and prior to days to maturity	19	Top secondary spikelets	
5	Leaf architecture	Vegetative stage			
6	Flag length	After flowering and prior to days to maturity	20	Top secondary grain	
7	Flag leaf width	After flowering and prior to days to maturity	21	Bottom primary spikelets	
8	Leaf length below flag leaf	After flowering and prior to days to maturity	22	Bottom primary grain	
9	Leaf length width/flag leaf	After flowering and prior to days to maturity	23	Bottom secondary spikelets	
10	Culm length	After flowering and prior to days to maturity	24	Bottom secondary grain	
11	Grain breadth	After harvest	25	Total spikelets	
12	Grain length	After harvest	26	Total grain	
13	Single grain yield	After harvest	27	Panicle exertion	Ripening
14	Productive tiller		28	Secondary branching of panicle	

Resultados e discussões

As observações foram analisadas quanto às médias gerais, médias, análise de variâncias (ANOVA) e médias de soma de quadrados apresentadas para o arroz para dois parentais e plantas individuais (F2:3) (Tabela 3). Os estudos mostraram um alto nível significativo de correlações entre os caracteres analisados em ambos os parentais e materiais F2:3 (Tabela 4).

Comprimento da panícula (cm)

A média geral para as 94 famílias individuais (F_3) e 2 pais avaliados, registada foi de 21,40 cm e variou de 16,33 cm a 31,0 cm. As plantas individuais, *viz.*, $F_{2:3}$ -68 registaram 31 cm como a mais alta e $F_{2:3}$ -6' 16,33 cm como a mais baixa, em comparação com P_1 (21) e P_2 (22) (Quadro 3). A caraterística de comprimento da panícula apresentou uma correlação altamente significativa com o comprimento da folha bandeira (0,342**), comprimento da folha abaixo da folha bandeira (0,384**) e comprimento do caule (0,272**) (Quadro 4).

Comprimento da folha bandeira e largura da folha bandeira (cm)

Entre as famílias individuais (F_3) avaliadas, as médias gerais de comprimento e diâmetro da folha bandeira registadas foram de 24,17 cm e 1,13 cm, respetivamente. O comprimento da folha bandeira variou de 16,16 cm a 37,0 cm, enquanto o diâmetro da folha bandeira variou de 0,63 cm a 1,76 cm (Tabela 3).

As plantas individuais (F_3) *viz.*, $F_{2:3}$ -109 registaram 37 cm como a mais alta enquanto '$F_{2:3}$ -99' 16.16 cm como a mais baixa comparada com P_1 (27 cm) e P_2 (23.33 cm) no comprimento da folha bandeira. Também $F_{2:3}$ -93 registou 1,76 cm como o mais alto enquanto '$F_{2:3}$ -3' 0,63 cm como o mais baixo comparado com P1 (1,0 cm) e P_2 (1,03 cm) no diâmetro do comprimento da folha bandeira (Quadro 3). O comprimento da folha bandeira mostrou correlação significativa com os seguintes caracteres, como largura do comprimento da folha bandeira (0,331**), comprimento da folha abaixo da folha bandeira (0,571**) e largura do comprimento da folha abaixo da folha bandeira (0,226*) (Tabela 4). Da mesma forma, a largura do comprimento da folha mostrou uma correlação altamente significativa com o comprimento da folha abaixo da folha bandeira (0,478**) e o diâmetro do comprimento da folha abaixo do comprimento da folha bandeira (0,536**) (Quadro 4). Num estudo de investigação semelhante, Yit-Chuan

Kuo e Chargn-Pei Li (1994) sugeriram que se abordasse o controlo genético das características da folha bandeira e do seu diâmetro para expandir a diversidade genética do tipo de planta

Comprimento da folha e largura do comprimento da folha abaixo da folha bandeira (cm):

Entre as famílias individuais (F_3) *viz.*, híbridos, a média geral registada foi de 32,2 cm e variou entre 19,9 cm e 45 cm para a caraterística de comprimento da folha abaixo da folha bandeira. As linhas híbridas viz., $F_{2:3}$ -83 registaram 45 cm como o valor mais elevado, enquanto $F_{2:3}$ -108'19,9 cm como o valor mais baixo observado (Quadro 3). Houve correlação significativa para esta caraterística com os seguintes caracteres, como comprimento da folha, largura abaixo da folha bandeira (0,449**), comprimento do colmo (0,293**), grão secundário inferior (0,217*) e ramificação secundária da panícula (-0,228*) (Tabela 5). A largura do comprimento da folha abaixo da folha bandeira: a média geral registada foi de 1 cm e variou entre 0,53 cm e 1,43 cm (Quadro 3). As famílias individuais (F_3) *viz.*, $F_{2:3}$ -119 registaram 1,43 cm como o valor mais elevado, enquanto $F_{2:3}$ -77 registou 0,53 cm como o valor mais baixo observado. A correlação com o comprimento do colmo é significativa (0,216*) (Tabela 4).

Comprimento do caule (cm)

Entre as famílias individuais, a média geral registada foi de 69,04 e variou entre 44,33 cm e 97,70 cm. As plantas individuais ($F_{2:3}$) *viz.*, $F_{2:3}$ -2 registaram 97,70 cm como máximo, enquanto '$F_{2:3}$ -31' 44,33 cm como mínimo, em comparação com P_1 (52,66) e P_2 (94,66) (Quadro 3). A caraterística comprimento do colmo mostrou uma correlação altamente significativa com o esforço da panícula (0,230*), a coroa (0,323**), a produção de uma única planta (0,235*) e uma correlação negativa com os perfilhos produtivos/planta (-0,202*) (Tabela 4).

Observou-se no carácter comprimento do colmo que uma porção significativa de acessos e plantas individuais mostrou o seguinte; 2 plantas individuais "muito curtas" (<50 cm), 57 plantas individuais muito curtas a curtas (51-70 cm), 35 plantas individuais 'curtas (71-90 cm), 0 plantas individuais 'curtas a intermédias (91-105 cm), 2 plantas individuais 'intermédias (91-105 cm) (Quadro 3). Em estudos semelhantes, Akromah e Bennette-Lartey (1986) caracterizaram o germoplasma de caules curtos e robustos quanto à produção e ao tipo de planta.

Número de perfilhos produtivos e não produtivos

O carácter de perfilhamento é outra caraterística de importância agronómica que contribui para a obtenção de rendimento de grãos no germoplasma de arroz e, por conseguinte, deve ser explorada para aumentar a potencialidade da cultura de modo a cumprir objectivos simples de reprodução.

Entre as famílias individuais (F_3) avaliadas, a média geral registrada foi de 6 em perfilhos produtivos/planta e variou de 2 perfilhos a 10 perfilhos enquanto que perfilhos não produtivos/planta 4 perfilhos e variou de zero a 2 perfilhos (Tabela 3). As plantas individuais *viz.*, $F2_{:3}$ -37 registraram 10 perfilhos como o mais alto enquanto 'F2$_{:3-7}$' 2 como o mais baixo comparado com P_1(20) e P2 (6) em perfilhos produtivos e perfilhos não produtivos/planta, 8 $F2_{:3}$ registraram 2 como o mais alto e 66 mostraram zero como o mais baixo incluindo P1 e P_2 (Tabela 3). Em estudo similar, Counce *et al.*, (1992) relataram que o número de panículas sendo um determinante principal do rendimento de grãos; é diretamente afetado por perfilhos, mesmo em populações adequadas de plantas.

Dias até 50% de floração e dias até à maturidade

Entre as famílias individuais, a média geral registada para esta caraterística foi de 88 dias e variou de 66 dias a 110 dias observados durante o período de avaliação. A linha híbrida *viz.*, $F_{2:3}$ -106 registrou 110 dias como a mais alta e '$F_{2:3}$ -60' 66 dias como a mais baixa comparada com P_1 (76) e P_2 (64) (Tabela 3). A caraterística dias para o cabeçalho registrou correlação altamente significativa com perfilhos não produtivos/planta (0.331**) e negativamente correlacionada com rendimento de grão único (-0.208*) (Tabela 4).

Entre as famílias individuais (F_3) e os pais, a média geral de dias até à maturidade registada foi de 105,87 e variou entre 85 e 134 dias. As plantas individuais *viz.*, $F_{2:3}$ -106 exibiram 134 dias como a mais alta e '$F_{2:3}$ -12' 85 dias como a mais baixa comparada com P1 (102 dias) e P_2 (87 dias) (Tabela 3). Essa caraterística registrou correlação positiva significativa com perfilhos não produtivos/planta (0,320**) (Tabela 4). Em um estudo semelhante, Shimono *et al.,* (2008) descobriram que o número de dias até a maturidade é uma caraterística de crescimento importante para determinar a produtividade da cultura.

Tahir *et al.,* 2002, refere que as interacções genotípicas e ambientais directas e indirectas confirmaram uma grande variabilidade no estudo atual dos acessos e das plantas individuais no que respeita ao rendimento e ao tipo de planta.

Comprimento do grão (mm)

As famílias individuais (F_3) avaliadas mostraram uma média geral registada de 7,75 mm e variaram entre 6,60 mm e 8,89 mm para este carácter. As plantas individuais *viz.,* $F_{2:3}$ -24 registaram 8,89 mm como máximo e '$F_{2:3}$ -27' 6,6 mm como mínimo, em comparação com P1 (7,8mm) e P_2 (7,85 mm) (Tabela 3). Este carácter apresentou uma correlação negativa significativa com o grão primário superior (-0,222*) (Quadro 4).

Largura do grão (mm)

Entre as famílias individuais (F_3) estudadas, a caraterística mostrou uma média geral de 2,58 mm e variou de 1,98 mm a 3,25 mm. As linhas híbridas *viz.,* $F_{2:3}$ -106 registaram 3,25 mm como a mais alta, enquanto '$F_{2:3}$ -33' 1,98 como a mais baixa, em comparação com P1 (2,25 mm) e P_2 (2,95 mm) (Quadro 3). Houve uma correlação altamente significativa entre este carácter e o peso de 100 sementes cheias (0,250*) (Quadro 4).

Peso de 100 sementes cheias (g)

Entre as famílias individuais (F_3) estudadas, a média geral registada foi de 1,82 mm e variou de 1,14 mm a 3,43 mm. As plantas individuais *viz.,* $F_{2:3}$ -31 registaram 3.43 mm como a mais alta e '$F_{2:3}$ -115' 1.14 mm como a mais baixa, comparada com P_1(1.70) e P_2 (2.15). Em estudos semelhantes, Ntanos e Koutroubas,(2002), Jones *et al.,* (1979) e Jeng *et al.,* (2003a) relataram que um tamanho de grão maior tende a manter uma taxa de enchimento de grãos mais alta, resultando em maior acúmulo de assimilados e maior peso de grãos.

Rendimento de grãos (g)

Entre as famílias individuais (F_3) estudadas e avaliadas, a média geral registada foi de 8,28 g e variou de 4,36 g a 12,15 g. As plantas individuais *viz.*, $F_{2:3}$ -114 registaram 12,15 g como a mais alta, enquanto '$F_{2:3}$ -56' 4,36 g como a mais baixa, em comparação com P_1 (16,59 g) e P_2 (11,70 g) (Quadro 3).

Topologia da panícula

A arquitetura da panícula do arroz é uma das características agronómicas mais importantes que contribui para o rendimento do grão. É importante investigar a topologia da panícula e os genes responsáveis pela sua formação em linhas de arroz, uma vez que se observam espiguetas mais altas que contribuem para o rendimento de grãos. O estudo da topologia da panícula através da extração de alelos de genes para o rendimento e tipo de planta em acessos de arroz e famílias individuais revelou que cerca de 45 a 50 por cento contribuem para a formação do rendimento total de grãos.

Espiguetas primárias superiores

Entre as famílias individuais *viz.*, (F_3), a média geral registada foi de 23,7 e variou entre 13 espiguetas e 50 espiguetas. As plantas individuais, viz, $F_{2:3}$ -125 registou 50 espiguetas como a mais alta e $F_{2:3}$ -106' 13, em comparação com P_1 (13) e P_2 (39) (Tabela 3). Houve uma correlação significativa para esta caraterística com os grãos primários superiores (0,711**), espiguetas secundárias superiores (0.328**), grãos secundários superiores (0,249*), espiguetas primárias inferiores (0,503**), grãos primários inferiores (0,275**), espiguetas secundárias inferiores (0,305**), espiguetas totais (0,686**) e grãos totais (0,378**) (Tabela 4).

Grãos primários de topo

Entre as famílias individuais avaliadas, a média geral registada foi de 20 e variou entre 10 e 40 grãos. As plantas individuais *viz.*, $F_{2:3}$ -125 registaram 40 grãos como a mais alta, enquanto $F_{2:3}$ -67' 10 grãos como a mais baixa, em comparação com P_1 (13) e P_2 (15) (Tabela 3). A caraterística mostrou uma correlação significativa com outros caracteres de espiguetas secundárias superiores (0,224*), grãos secundários superiores

(0,434**), espiguetas primárias inferiores

(0,292**), grãos primários inferiores (0,376**), total de espiguetas (0,440**) e total de grãos (0,577**) (Tabela 4).

Espiguetas secundárias superiores

Entre as plantas individuais avaliadas, a média geral registada foi de 28,7 e variou entre 11 espiguetas e 65 espiguetas. As linhas híbridas *viz*, $F_{2:3}$ -56 registou 65 espiguetas como a mais alta e $F_{2:3}$ -126' registou 11 espiguetas, em comparação com P_1 (21) e P_2 (13) (Tabela 3). Houve uma correlação significativa com outros caracteres de grãos secundários superiores (0.755**), espiguetas secundárias inferiores (0,443**), grãos secundários inferiores (0,327**), espiguetas totais (0,702**), grãos totais (0,464**) e rendimento de grãos (0,281**) (Tabela 4).

Grãos secundários de topo

Entre as famílias individuais (F_3), ou seja, plantas individuais, a média geral registada foi de 22,1 e variou entre 10 ganhos e 43 grãos. As plantas individuais viz., $F_{2:3}$ -62 registaram 43 ganhos como os mais elevados e $F_{2:3}$ -126' 10 grãos, em comparação com P_1 (20) e P_2 (10) (Quadro 3). Houve uma correlação significativa deste carácter com outros traços tais como espiguetas secundárias inferiores (0,356**), grãos secundários inferiores (0,521**), espiguetas totais (0,530**) e grãos totais (0,761**) (Quadro 4).

Espiguetas primárias inferiores

Entre as famílias individuais (F_3), ou seja, plantas individuais, a média geral registada foi de 26,9 e variou de 12 a 59 espiguetas. As plantas individuais viz., $F_{2:3}$ -108 registaram 59 espiguetas como a mais alta e $F_{2:3}$ -4' registou 12 espiguetas, em comparação com P1 (21) e P_2 (12) (Quadro 3). Houve uma correlação significativa desta caraterística com grãos primários inferiores (0,818**), espiguetas secundárias inferiores (0,526**), grãos secundários inferiores (0,396**), espiguetas totais (0,740**) e grãos totais (0,538**) (Quadro 4).

Grãos primários inferiores

Entre as famílias individuais (F_3) *viz.,* plantas individuais, a média geral registada foi de 20,7 e variou de 9 a 38 grãos. As plantas individuais viz., $F_{2:3}$ -66 registaram 38 grãos como a mais alta, enquanto $F_{2:3}$ -135' 9 grãos como a mais baixa, em comparação com P_1 (19) e P_2 (10) (Quadro 3). Houve uma correlação significativa desse caráter com espiguetas secundárias inferiores (0,395**), grãos secundários inferiores (0,524**), espiguetas totais (0,497**) e grãos totais (0,711**) (Tabela 4).

Espiguetas secundárias inferiores

Entre as famílias individuais (F_3) *viz.,* plantas individuais, a média geral registada foi de 32,1 e variou de 11 a 55 grãos. As plantas individuais viz., $F_{2:3}$ -125' registaram 55 espiguetas como a mais alta e $F_{2:3}$ -1' registou 11 espiguetas como a mais baixa, em comparação com P_1 (27) e P_2 (23) (Quadro 3). Houve uma correlação significativa deste carácter com os grãos secundários inferiores (0,578**), espiguetas totais (0,758**) e grãos totais (0,545**) (Quadro 4).

Grãos secundários inferiores

Entre as famílias individuais (F_3), *ou seja,* plantas individuais, a média geral registada foi de 21,1 e variou entre 6 e 44 grãos. As famílias individuais (F_3) *viz.,* $F_{2:3}$ -31' registaram 44 grãos como a mais alta, enquanto $F_{2:3}$ -7 e $F_{2:3}$ -43' 6 grãos como a mais baixa, em comparação com P1 (14) e P_2 (5) (Quadro 4). Houve correlação significativa desse caráter com o total de espiguetas (0,499**) e o total de grãos (0,806**) (Tabela 4).

Total de espiguetas

Entre as famílias individuais (F_3), *ou seja,* plantas individuais, a média geral registada foi de 111 e variou entre 60 espiguetas e 202 espiguetas. As plantas individuais viz., $F_{2:3}$ -125' registaram 202 espiguetas como a mais alta, enquanto $F_{2:3}$ -42' 60 espiguetas como a mais baixa, em comparação com P1 (82) e P_2 (87) (Quadro 3). Houve uma correlação significativa deste carácter com o total de grãos (0,677**) (Quadro 4).

Total de grãos

Entre as famílias individuais (F₃), *ou seja,* plantas individuais, a média geral registada foi de 83,87 e variou entre 38 e 133 grãos. As linhas híbridas *viz,* $F_{2:3}$ - 125e $F_{2:3}$ -3' registaram 133 grãos como a mais alta, enquanto $F_{2:3}$ -7' 38 grãos como a mais baixa, em comparação com P_1 (66) e P_2 (40)(21) (Quadro 3).Houve uma correlação significativa deste carácter com os dias até à floração (-0.208*), 50% de floração (-0,202), comprimento do colmo (0,235*), espiguetas secundárias superiores (-0,281), perfilhos produtivos/planta (0393**) e ramificação secundária da panícula (0,234*) e da espiga (0,237*) (Tabela 4).

Tabela 4. Médias para caracteres fenotípicos em famílias individuais (F3) desenvolvidas a partir de Sampada e TJP 19 .

TRAIT Code	PL (cm)	FLL (cm)	FLW (cm)	LBFL (cm)	LBFLW (cm)	CL (cm)	GL (mm)	GW (mm)	100 FSG (g)	SPY (g)	PT	NPT	Sterile	PE	SBP	LA	SCG	AWN	DTH	50% DTF	DTM	TPS	TPG	TSS	TSG	BPS	BPG	BSS	BSG	TTS	TTG
1	19.7	19.0	0.9	25.2	0.6	62.3	8.0	2.7	1.9	8.1	6	0	0	9	0	1	1	1	73	73-76	97	22	22	21	19	20	18	11	8	74	67
2	19.7	23.2	1.0	31.3	0.9	97.7	7.8	2.8	1.7	11.0	5	0	0	9	1	1	2	4	76	76-83	104	19	19	24	23	25	25	31	20	99	87
3	20.2	22.0	0.6	25.3	1.0	61.3	8.3	2.5	2.2	5.4	7	0	0	9	0	1	1	1	70	70-80	101	22	16	34	32	14	12	29	22	99	82
4	16.3	19.7	1.0	24.7	1.0	82.0	7.3	2.5	2.0	9.7	5	0	0	9	2	1	1	1	75	75-80	101	15	15	46	37	20	18	43	33	124	103
5	19.5	23.5	1.3	35.5	1.0	70.3	7.7	2.6	1.6	6.8	2	0	0	9	2	1	1	4	80	80-83	104	20	11	23	11	21	10	17	6	81	38
6	19.8	25.7	1.0	37.0	1.0	87.0	7.7	2.5	1.8	9.7	6	0	0	9	2	1	1	4	70	70-74	95	17	14	34	21	23	19	29	15	103	69
7	24.7	24.3	1.4	34.7	1.0	69.3	7.5	2.7	1.6	12.9	4	0	0	5	2	1	1	1	81	81-83	104	32	20	39	19	33	20	34	16	138	75
8	25.8	23.3	1.1	35.3	1.0	86.0	8.4	2.5	1.9	10.6	3	1	0	9	0	1	2	1	70	70-74	85	28	27	26	26	29	29	38	32	121	114
9	22.5	29.2	1.4	36.3	1.1	58.7	8.1	2.8	2.0	8.5	4	0	0	5	0	1	1	1	91	91-93	114	38	24	34	21	42	31	38	27	152	103
10	22.0	18.8	1.2	33.0	0.8	67.8	8.0	2.2	1.5	7.8	3	2	0	7	0	1	1	1	92	92-95	116	25	24	40	28	27	23	45	10	137	85
11	22.0	23.2	1.3	34.3	1.1	86.8	6.9	2.5	1.9	5.8	3	0	0	3	0	1	1	1	79	79-83	104	19	17	20	17	17	14	25	23	81	71
12	21.0	18.3	1.0	29.3	1.0	58.2	7.9	2.3	1.8	9.8	5	0	0	7	2	1	1	4	73	73-79	100	33	30	27	24	22	20	40	35	122	109
13	20.0	19.3	1.0	21.7	0.9	65.3	7.6	2.6	2.0	9.5	6	0	0	9	0	1	1	1	73	73-79	100	19	19	16	15	21	21	15	14	71	69
14	20.5	30.0	1.0	35.3	1.0	54.7	7.0	2.3	1.4	10.1	5	0	0	3	0	1	1	1	73	73-79	100	22	21	19	19	23	23	20	15	81	78
15	19.0	23.8	1.3	34.4	1.0	63.0	8.8	2.6	2.2	5.6	3	0	0	5	0	1	1	1	92	92-95	116	24	20	22	17	34	25	33	23	113	85
16	22.2	20.4	1.1	33.7	1.1	44.0	7.7	4.1	1.8	6.6	3	0	0	7	0	1	2	1	83	83-86	107	25	23	47	41	26	21	45	39	143	124
17	22.7	31.7	1.6	39.0	1.1	88.7	8.9	2.3	2.2	7.3	6	1	0	9	0	1	1	1	93	93-96	117	20	19	50	31	20	16	20	17	110	83
18	21.2	19.0	1.1	29.3	1.1	71.3	7.3	2.2	1.4	7.4	3	0	0	9	0	1	1	1	83	83-86	107	21	12	19	13	23	14	39	24	102	63
19	23.7	26.3	1.2	32.3	1.1	82.7	6.6	2.8	2.0	8.2	7	1	0	7	1	1	1	1	80	80-83	104	32	30	36	32	37	33	38	27	143	122
20	19.3	28.0	1.0	30.7	1.0	44.3	7.6	2.3	3.4	5.2	7	0	0	9	3	1	1	1	94	94-96	117	21	20	43	40	32	29	47	44	143	133
21	19.7	21.8	0.8	30.3	1.0	65.3	7.7	3.0	2.6	10.3	6	0	0	7	2	1	1	1	79	79-84	105	25	25	32	29	33	27	31	16	121	97
22	19.7	27.3	1.6	34.0	1.1	74.2	7.4	2.0	1.7	7.7	7	0	0	7	2	1	1	1	73	73-80	101	26	25	22	16	28	22	21	14	97	77
23	24.3	26.0	1.1	31.3	0.9	78.7	7.5	2.3	1.8	12.4	5	0	0	9	1	1	2	1	73	73-80	101	27	21	22	15	40	26	40	24	129	86

24	21.0	20.7	1.2	31.3	1.3	68.0	8.5	2.4	1.8	7.7	6	0	0	9	2	1	1	4	82	82-84	105	19	19	23	15	22	16	20	11	84	61
25	19.0	22.7	1.2	30.7	1.0	61.3	7.0	2.3	2.1	6.7	9	1	0	9	1	1	1	1	78	78-83	104	24	24	27	27	25	25	37	33	113	109
26	18.2	24.3	1.3	28.3	0.7	52.3	7.6	2.2	1.4	7.6	10	2	0	9	3	1	1	1	78	78-81	102	32	31	32	31	32	26	33	20	129	108
27	18.7	19.9	1.0	25.7	0.9	54.3	7.2	2.6	2.1	8.3	9	0	0	3	1	1	1	1	83	83-86	107	34	30	23	13	17	14	40	10	114	67
28	21.3	23.5	1.3	26.3	1.0	65.3	7.7	2.2	1.5	6.5	4	0	0	7	1	1	1	1	81	81-83	102	24	23	34	22	23	18	44	13	125	76
29	20.7	21.8	1.1	26.3	1.0	71.4	7.5	2.9	2.2	7.4	6	0	0	9	1	1	2	1	72	72-73	94	16	14	15	13	12	10	17	12	60	49
30	21.0	19.0	1.1	28.7	1.0	57.0	7.4	2.3	1.9	6.0	8	0	0	5	0	1	2	1	70	70-73	94	16	16	23	19	19	17	30	6	88	58
31	21.2	16.8	1.1	27.7	1.0	72.7	7.5	2.6	2.0	10.3	5	0	0	9	1	1	1	4	67	67-70	91	25	22	21	18	19	19	19	18	84	77
32	17.3	20.5	1.2	28.5	1.1	67.5	7.5	2.5	1.8	8.4	8	1	0	9	3	1	2	1	95	95-98	119	15	15	22	18	15	12	27	7	76	62
33	24.0	28.3	1.3	34.3	1.2	77.3	8.3	2.7	1.8	9.5	8	0	0	5	2	1	2	1	67	67-73	94	26	24	27	24	20	19	26	20	99	87
34	22.2	30.0	1.1	35.0	1.1	54.7	8.3	2.7	2.0	9.9	4	0	0	5	2	1	1	1	80	80-84	105	16	14	17	15	32	28	31	25	96	82
35	23.8	26.2	1.3	34.3	1.3	83.0	7.9	2.9	1.9	10.5	5	0	0	5	2	1	2	4	67	67-73	94	19	15	20	13	32	23	35	27	106	78
36	17.8	20.7	1.1	30.7	1.0	72.0	7.9	2.3	1.3	8.4	4	2	0	5	0	1	1	1	79	79-81	102	20	18	17	15	38	31	37	28	112	92
37	22.0	25.0	0.9	32.0	0.9	70.7	7.7	2.1	1.4	4.6	5	0	0	5	1	1	1	1	83	83-88	109	23	13	65	21	26	12	53	30	167	76
38	21.0	26.7	1.3	32.0	1.0	71.3	7.7	2.9	1.7	9.8	8	0	0	7	2	1	1	1	72	72-80	101	28	21	22	19	43	33	50	29	143	102
39	20.3	22.7	1.2	30.0	1.0	72.7	7.9	2.3	1.6	8.4	7	1	0	3	0	1	1	1	83	83-88	109	19	17	17	15	30	27	32	27	98	86
40	23.3	20.0	0.9	28.8	1.0	80.2	7.1	2.7	1.9	8.9	7	0	0	9	2	1	2	4	66	66-70	91	19	18	26	21	24	22	31	28	100	89
41	22.0	32.7	1.1	38.0	1.2	63.7	7.6	2.9	1.9	9.4	5	0	0	9	3	1	1	1	83	83-87	108	25	25	35	33	21	19	43	38	124	115
42	17.0	18.2	1.1	30.7	1.1	67.0	7.4	2.5	1.4	8.9	6	0	0	3	1	1	1	1	74	74-80	101	27	27	43	43	25	25	30	29	125	124
43	20.0	28.3	1.5	35.3	1.2	65.7	7.4	2.5	1.8	5.7	5	0	0	5	0	1	1	1	83	83-86	107	24	19	25	17	26	19	22	10	97	65
44	21.5	23.2	1.3	38.3	1.3	68.3	8.4	2.6	1.8	10.3	8	0	0	7	0	1	1	1	73	73-80	101	24	14	27	13	42	25	41	19	134	71
45	18.7	31.7	1.3	32.0	1.0	57.3	7.2	2.7	1.5	9.8	3	0	3	3	0	1	1	1	79	79-81	102	36	32	40	31	26	16	35	14	137	93
46	19.7	20.5	1.5	35.7	1.2	67.0	7.9	2.3	1.4	9.2	6	0	0	5	2	1	1	1	80	80-82	103	21	16	21	15	46	38	43	33	131	102
47	21.3	21.8	1.1	30.0	1.0	87.5	8.5	2.1	1.6	8.0	4	0	0	9	0	1	1	4	73	73-81	102	14	10	14	10	30	23	28	18	86	61
48	31.0	31.0	0.9	31.7	1.0	74.0	7.9	2.2	1.9	9.9	5	0	0	5	1	1	1	1	79	79-81	102	30	30	16	15	24	24	16	12	86	81
49	23.3	30.0	1.3	36.0	0.6	69.7	8.5	2.9	1.4	6.4	7	0	0	7	1	1	1	1	79	79-81	102	20	17	28	23	34	29	45	35	127	104
50	23.0	26.3	0.9	34.0	0.9	66.3	7.7	2.4	1.5	7.5	6	0	0	5	1	1	1	1	73	73-80	101	25	20	42	27	23	16	43	12	133	75
51	21.3	16.2	1.0	27.0	1.0	58.7	7.8	2.7	1.7	7.6	8	0	0	7	1	1	1	1	73	73-80	101	23	20	33	30	26	23	32	28	114	101
52	24.7	29.3	1.0	33.0	1.0	71.0	8.3	2.8	1.7	9.0	9	0	0	5	0	1	1	1	73	73-79	100	18	17	32	30	18	16	42	36	110	99

53	19.0	26.0	1.0	33.0	0.7	62.7	7.7	2.3	1.4	6.2	7	2	0	3	1	1	1	1	91	91-94	115	14	14	12	11	25	22	23	19	74	66
54	23.3	31.3	1.5	42.7	1.4	77.0	7.3	2.5	1.6	9.5	5	1	0	7	0	1	1	1	70	70-73	94	29	25	30	24	28	21	34	25	121	95
55	20.7	21.0	1.0	25.7	0.5	58.3	8.7	2.6	1.8	5.7	4	0	0	5	3	1	1	1	73	73-80	101	26	26	27	25	34	25	41	20	128	96
56	25.0	19.2	1.0	33.7	1.0	70.0	8.0	2.5	1.8	8.6	4	1	0	5	1	1	1	1	91	91-94	115	19	19	22	21	21	20	24	17	79	77
57	21.0	21.2	1.1	27.2	1.1	62.7	8.3	2.8	2.1	9.2	3	0	0	5	0	1	1	1	81	81-83	104	34	12	42	16	35	11	43	15	154	54
58	24.5	28.7	1.2	31.3	1.0	61.7	7.8	2.5	1.6	7.4	9	1	0	5	1	1	1	1	94	94-97	118	17	15	16	15	33	27	32	27	98	84
59	19.3	28.3	1.1	36.7	0.7	56.7	7.5	2.9	1.6	7.7	5	0	0	5	0	1	2	1	90	90-94	115	18	14	47	38	22	15	41	38	128	105
60	21.5	18.8	1.0	29.7	0.7	60.7	7.6	2.7	1.4	9.4	7	0	0	9	0	1	1	1	105	105-111	132	26	20	27	19	28	12	35	15	116	66
61	22.7	29.0	1.1	45.0	0.9	78.7	7.6	2.5	1.8	8.4	5	1	0	9	0	1	1	4	105	105-111	132	25	23	21	20	40	34	42	34	128	111
62	22.7	26.3	1.2	30.7	0.9	69.0	7.7	2.7	2.0	7.6	8	0	0	9	2	1	2	1	90	90-94	115	21	18	26	19	23	15	22	10	92	62
63	21.3	25.0	1.0	29.7	1.1	65.7	7.2	2.8	1.6	6.4	5	1	0	5	0	1	2	1	93	83-85	106	22	20	19	11	22	17	19	14	82	62
64	23.3	24.9	1.0	34.7	0.9	73.3	7.5	2.5	2.3	7.8	8	2	0	5	0	1	2	1	93	93-95	116	23	20	31	24	29	21	30	19	113	84
65	20.5	18.2	1.2	27.0	0.9	53.3	7.8	2.7	1.9	6.6	7	1	0	5	1	1	1	1	75	75-80	101	31	26	35	26	41	30	38	29	145	111
66	19.8	23.0	1.3	33.0	1.3	62.3	7.3	2.5	1.6	7.7	6	1	1	7	0	1	2	1	80	80-83	104	22	18	26	21	21	18	21	18	90	75
67	25.5	27.0	1.8	41.0	1.4	79.7	7.5	3.2	1.9	9.0	6	0	0	9	0	1	1	1	80	80-83	104	22	22	21	21	17	17	23	21	83	81
68	24.0	33.0	1.4	37.7	1.1	73.0	8.1	2.5	1.9	6.1	7	1	1	5	1	1	1	1	73	73-80	101	19	17	18	16	33	27	31	25	101	85
69	22.0	27.3	1.2	29.3	1.0	64.3	7.1	2.9	1.4	10.1	8	2	2	9	0	1	1	1	95	95-98	119	31	28	37	30	19	16	19	10	106	84
70	24.7	29.7	1.1	31.3	1.0	58.0	7.8	2.9	1.8	6.0	5	0	0	9	0	1	1	1	73	73-80	101	17	12	37	24	17	11	25	23	96	70
71	20.8	17.0	0.9	32.8	0.7	72.0	8.0	2.3	1.8	5.5	6	0	0	9	0	1	2	1	73	73-79	100	30	22	25	17	30	15	35	16	120	70
72	20.0	27.0	1.1	34.7	1.1	61.0	8.1	2.1	1.8	10.4	9	0	0	9	0	1	2	4	79	79-81	102	21	20	37	34	27	27	42	30	127	111
73	19.2	18.0	1.1	24.5	0.7	72.7	7.4	2.9	2.2	6.1	4	0	0	5	0	1	1	1	73	73-80	101	22	21	34	18	28	22	28	8	112	69
74	20.3	20.2	1.0	31.0	0.9	60.7	8.4	2.5	1.7	7.5	6	0	0	5	0	1	1	1	83	83-86	107	21	16	27	19	31	20	32	28	111	83
75	21.0	27.7	0.9	40.3	1.1	82.7	7.3	3.3	2.1	6.5	9	1	0	9	1	1	1	1	110	110-113	134	13	12	30	27	12	11	32	29	87	79
76	17.3	22.0	0.9	19.9	0.8	66.3	7.7	2.5	2.1	8.2	9	0	0	9	3	1	1	1	68	68-70	91	45	20	47	33	59	35	49	30	200	118
77	18.0	37.0	1.3	34.3	1.0	68.3	8.1	2.9	1.8	6.1	8	1	0	7	2	1	1	1	93	93-95	116	33	26	43	32	34	24	vvv	26	146	108
78	21.2	22.7	1.1	37.5	0.9	69.2	7.5	2.7	1.8	6.7	5	0	0	5	0	1	2	1	73	73-80	101	25	22	31	26	24	18	33	21	113	87
79	24.0	27.3	1.1	34.0	1.0	86.7	7.7	3.1	2.0	9.7	5	1	0	5	0	1	2	1	75	75-81	102	21	18	26	18	25	18	22	14	94	68
80	24.7	27.7	1.0	31.7	0.9	70.3	7.3	2.8	1.9	10.6	7	1	0	5	2	1	1	1	87	87-89	110	24	20	25	18	44	37	41	34	134	109

81	23.5	28.2	1.3	38.3	1.0	80.7	7.3	2.4	1.1	10.1	7	0	0	9	1	1	1	1	80	80-82	103	22	17	21	16	27	18	31	13	101	64
82	21.7	24.5	1.0	32.8	0.9	66.0	8.2	2.4	1.6	6.2	4	0	0	7	0	1	1	1	83	83-86	107	19	18	36	25	13	11	32	23	100	77
83	20.0	25.2	1.4	36.0	1.4	74.3	7.8	2.8	1.8	5.8	3	0	0	9	1	1	1	1	80	80-82	103	32	25	29	18	30	21	34	16	125	80
84	22.3	23.3	1.1	29.0	1.1	63.3	8.1	2.5	2.3	5.8	4	0	0	5	1	1	1	4	79	79-81	102	18	16	32	16	20	12	24	14	94	58
85	18.3	19.8	1.1	24.7	0.9	61.0	7.6	2.6	1.8	8.5	3	0	0	9	3	1	2	1	72	72-73	94	28	19	34	19	27	16	39	18	128	72
86	23.0	26.0	0.9	32.7	1.0	71.0	7.5	3.0	2.4	8.1	6	0	0	5	0	1	2	1	93	93-95	116	31	21	29	22	28	21	34	25	122	89
87	20.9	22.3	0.9	34.3	0.9	57.7	7.3	2.7	2.0	7.5	7	1	0	5	2	1	2	1	70	70-73	94	21	20	26	21	20	14	24	13	91	68
88	24.0	23.8	1.4	40.7	1.4	68.3	7.3	2.7	2.0	6.8	4	0	0	5	1	1	1	1	93	93-96	117	50	40	42	35	55	32	55	26	202	133
89	24.0	22.7	1.0	31.3	1.0	64.7	7.8	2.7	1.7	10.5	8	2	0	5	2	1	1	1	75	75-81	102	20	16	11	10	16	10	14	7	61	43
90	21.0	22.5	1.1	31.7	0.9	88.3	8.7	2.5	2.4	12.4	7	0	0	9	0	1	2	1	67	67-70	91	20	19	24	22	26	25	26	20	96	86
91	22.2	22.5	1.3	32.3	1.0	62.7	8.0	2.9	2.0	8.4	6	0	0	5	1	1	1	1	91	91-94	115	17	11	20	11	17	9	24	8	78	39
92	21.7	20.0	1.1	30.8	1.0	74.3	8.4	2.6	2.2	10.9	4	0	0	9	1	1	2	4	73	73-81	102	18	18	22	22	18	17	22	22	80	79
93	19.7	20.3	1.0	27.7	0.9	66.7	7.9	3.0	1.5	7.8	4	2	0	9	3	1	1	1	89	89-93	114	20	20	26	21	23	20	27	14	96	75
94	20.7	23.0	1.0	31.7	0.7	77.3	8.2	2.8	2.2	7.7	5	1	0	9	1	1	1	1	73	73-79	100	21	19	27	19	25	22	27	20	100	80
P1	21.4	27.3	1.0	27.3	0.8	52.7	7.8	2.3	1.7	16.6	20	0	0	9	3	1	1	1	76	76-81	102	13	13	21	20	21	19	27	14	82	66
P2	22.0	23.3	1.0	30.7	1.0	94.7	7.9	3.0	2.2	11.7	6	0	0	7	3	1	1	4	64	64-66	87	39	15	13	10	12	10	23	5	87	40

Tabela 5. Matriz de correlação da análise para 29 caracteres avaliados em plantas individuais em DRR, Rajendranagar @ P (valor) 0.05 & 0.01

Traits	DTH	50% Fl.	DTM	PL	FLL	FLW	LL/FL	LLW/FL	CL	GL
Days to heading	1	0.977**	0.976**	0.007	0.279*	0.085	0.300**	-0.009	-0.16	-0.081
50%flowering		1	0.999**	0.016	0.206*	0.048	0.304**	-0.036	-0.157	-0.059
Days to maturity			1	0.016	0.206*	0.046	0.307**	-0.036	.156	-0.059
Panicle length (cm)				1	0.343**	0.096	0.384**	0.191	0.272**	0.077
Flag leaf length (cm)					1	0.331**	0.571**	0.226*	0.074	-0.018
Flag leaf width (cm)						1	0.478**	0.536**	0.163	-0.027
Leaf length below flag leaf(cm)							1	0.449**	0.293**	0.017
Leaf length width below flag leaf								1	0.216	-0.123
Culm length (cm)									1	0.048
Grain length(mm)										1

Quadro 5 (Cont.) Matriz de correlação para a análise de 29 caracteres avaliados em plantas individuais em DRR, Rajendranagar, Índia

Character	GB(mm)	100-FSG (g)	TPS	TPG	TSS	TSG	BPS	BPG	BSS	BSG
Days to heading	0.102	-0.022	-0.027	0.026	0.143	0.113	0.070	-0.000	0.069	0.096
50% flowering	0.099	-0.029	-0.068	0.012	0.135	0.125	0.065	-0.001	0.081	0.118
Days to maturity	0.102	-0.029	-0.068	0..010	0.134	0.125	0.066	-0.000	0.078	0.120
Panicle length (cm)	0.122	0.000	0.025	0.059	0.171	-0.183	-0.012	0.017	-0.025	0.015
Flag leaf length (cm)	0.134	-0.032	0.034	0.061	0.097	0.115	0..088	0.134	-0.076	0.190
Flag leaf diameter (cm)	0.013	-0.190	0.124	0.148	-0.037	-0.092	0.189	0.160	-0.036	-0.018
Leaf length/flag leaf(cm)	0.088	-0.121	-0.003	0.058	0.008	0.044	0.108	0.125	0.076	0.217*
Leaf length width/fl (cm)	0.071	0.042	0.083	0.044	-0.018	-0.026	-0.007	-0.012	-0.033	0.071
Culm length (cm)	0.126	0.017	-0.086	-0.138	-0.156	-0.182	-0.071	0.006	-0.128	-0.055
Grain length (mm)	-0100	0.130	0.148	-0.222*	-0.052	-0.113	-0.064	0.043	-0.038	0.036
Grain breadth/width (mm)	1	0.250*	0.092	-0.001	-0.005	0.033	-0.092	-0.135	-0.146	-0.017
100-filled seed-grain (g)		1	0.049	0.029	0.079	0.150	-0.022	-0.026	-0.036	0.072
Top primary spikelets			1	0.711**	0.328**	0.249*	0.503**	0.275**	0.305**	0.046
Top primary grains				1	0.224*	0.434**	0.292**	0.376**	0.156	0.096
Top secondary spikelets					1	0.755**	0.157	-0.019	0.443**	0.327**
Top secondary grain						1	0.069	0.191	0.356**	0.521**
Bottom primary spikelets							1	0.818**	0.526**	0.3396**
Bottom primary grains								1	0.395**	0.524**
Bottom secondary spikelets									1	0.578**
Bottom secondary grains										1

Tabela 5.(Cont'd). Matriz de correlação de análise para 29 características avaliadas em plantas individuais em DRR, Rajendranagar @ P(valor) 0.05 & 0.01

Character	TS	TG	PT/P	NPT/P	PE	SBP	SC	Awn	GY
Days to heading	0.112	0.097	0.003	0.331**	-0.035	-0.127	-0.164	-0.192	-0.208*
50% flowering	0.099	0.107	0.024	0.319**	-0.031	-0.152	-0.183	-0.194	-0.202*
Days to maturity	0.098	0.108	0.026	0.320**	-0.031	-0.152	-0.181	-0.193	-0.150
Panicle length (cm)	-0.094	-0.048	-0.047	0.003	-0.105	-0.175	-0.061	-0.004	0.040
Flag leaf length (cm)	0.092	0.178	0.153	0.075	-0.105	0.011	-0.110	-0.137	0.040
Flag leaf width (cm)	0.080	0.051	-0.123	0.010	-0049	-0.049	-0.108	-0.035	-0.034
Leaf length/flag leaf(cm)	0.074	0.161	-0.137	0.088	-0.108	-0.228*	0.004	0.044	-0.051
Leaf length width/flag leaf (cm)	0.001	0.031	-0.148	-0.129	-0.038	-0.045	0.000	0.129	0.044
Culm length (cm)	-0.152	-0.125	-0.202*	0.009	0.230*	-0.108	0.177	0.323**	0.235*
Grain length (mm)	-0.037	-0.072	-0.103	-0.121	0.075	-0.404	-0.077	0.139	-0.068
Grain breadth/width (mm)	-0.046	-0.042	-0.058	-0.012	-0.001	0.038	0.065	-0.088	0.092
100-filled seed-grain (g)	0.019	0.102	0.018	-0.187	0.147	0.127	0.153	0.059	-0.022
Top primary spikelets	0686**	0.378**	-0.140	-0.068	-0.114	0.079	-0.135	-0.113	-0.054
Top primary grains	0.440**	0.577**	-0.069	-0.112	-0.101	0.032	-0.072	0.156	-0.028
Top secondary spikelets	0.702**	0.464**	-0.093	-0.109	0.033	-0.012	--0.054	-0.179	-0.281**
Top secondary grain	0.530**	0.761**	0.087	-0.006	0.126	0.031	0.020	-0.179	-0.104
Bottom primary spikelets	0.740**	0.538**	-0.032	0.024	-0.139	0.092	-0.153	-0.128	-0.007
Bottom primary grains	0.497**	0.711**	-0.076	0.137	0.093	0.102	-0.126	-0.054	0.157
Bottom secondary spikelets	0.758**	0.545**	-0.075	-0.168	-0.069	0.056	-0.067	-0.116	-0.100

Bottom secondary grains	0.499**	0.806**	-0.017	-0.055	0.006	0.011	-0.022	-0.031	-0.054
Total spikelets	1	0.677**	-0.095	-0.102	-0.085	0.081	-0.141	-0.187	-0.175
Total grains		1	0.050	0.053	-0.002	0.068	-0.053	-0.139	-0.017
Productive tillers/plant			1	0.134	0.130	0.265**	-0.007	-0.130	0.393**
Non-productive tillers/plant				1	0.05	-0.010	-0.037	-0.198	-0.014
Panicle exertion					1	0.199	0.100	0.269**	0.017
Secondary branching of panicle						1	-0.088	0.149	0.234*
Strong culm							1	0.102	0.140
Awn								1	0.237*
Grain yield									1

Nota: DTM (Dias para o encabeçamento) 50%Fl (50% floração), DTM (Dias para a maturação), PL (Comprimento da panícula), FLL (Comprimento da folha bandeira), FLW (Largura da folha bandeira), LLBFL
(comprimento da folha abaixo da folha bandeira), CL (comprimento do colmo), GL (comprimento do grão), GB (largura do grão), 100-FSG (grão de semente cheio), TPS (total de espiguetas primárias), TPG (total de grão primário),
TSS (Total de espiguetas secundárias), TSG (Total de grãos secundários) BPG (Grão primário inferior), BSS (Espiguetas secundárias inferiores), BSG (Grão secundário inferior),
TS (Total de espiguetas), TG (Total de grãos), PT/P (Perfilhamento produtivo), NPT (Perfilhamento não produtivo), PE (Esforço da panícula), SBP (Ramificação secundária da panícula), GY (Rendimento de grãos).

Arquitetura das folhas

As famílias individuais (F_3) avaliadas mostraram 94 linhas e 2 pais *viz.*, P1 e P_2 que possuem uma arquitetura de folha erecta (Tabela 5). Em investigação semelhante, Peng *et al.*, (1999) e Sakamoto *et al.*, (2006) relataram que a morfologia da folha do arroz é crucial para a eficiência da fotossíntese e, consequentemente, para os rendimentos, e definiram o seu ideótipo como base para uma elevada produção e produtividade.

Tabela 6. Análise sumária da arquitetura foliar em acessos e plantas individuais

S. No	Name of material	Number of erect canopy	Number of droopy canopy
1	Individual plants	94	0
2	Sampada (P1)	1	0
	TJP 19 (P2)	1	0

Tabela 7. Análise de variância para 10 caracteres de rendimento observados em noventa e quatro e dois pais (Sampada/TJP19)

S. No	Character	Mean of sum of squares		
		Replication df (3-1)	Genotype df=96	Error
1	Panicle length (cm)	0.41	15.61**	3.11
2	Flag leaf length (cm)	2.28	54.15**	14.42
3	Flag leaf width (cm)	0.02	0.10**	0.04
4	Leaf length /flag leaf (cm)	15.23	59.32**	18.86
5	Leaf width/flag leaf (cm)	0.03	0.86**	0.02
6	Culm length(cm)	100.38	304.13**	40.34
7	Grain length(mm)	0.28	0.61***	0.21
8	Grain width(mm)	0.03	0.21**	0.03
9	100 filled grain width (g)	.03	0.32**	0.03
10	Single plant grain yield/hill(g)	0.99	13.17**	4.69

Conclusão

O presente trabalho de investigação, intitulado "Caracterização da produção e de características importantes relacionadas em duas colecções de progenitores da *indica* e da *japonica* tropical *IRGC1819 (Oryza sativa L)* e respectivas populações segregantes F2:3", foi realizado na Direção de Investigação do Arroz, Rajendranagar, Hyderabad (Estado de Telangana), Índia. Os objectivos foram alcançados quando foram utilizados marcadores morfo-agronómicos para identificar linhas de elevado rendimento e tipos de plantas associados a características agronómicas importantes em duas subespécies parentais e nas suas populações segregantes.

Noventa e seis materiais de arroz compreendiam 2 progenitores *indica* e *japonica* e 94 populações segregantes (F2:3). As populações segregantes (F2:3) foram desenvolvidas a partir do cruzamento *entre* Sampada (*indica*) e a *japonica* tropical IRGC1819. Os materiais de investigação foram avaliados fenotipicamente como linhas de alto rendimento, tal como referido para as características do tipo de planta. A análise das variâncias com base nos 28 parâmetros morfo-agronómicos para as características de rendimento e de tipo de planta revelou níveis significativos de correlações entre as famílias individuais F3, incluindo as linhas parentais *viz.,* Sampada e TJP IRGC1819). O nível de significância das correlações revelou uma maior variabilidade genética em todos os materiais avaliados durante os estudos de investigação da *kharif* 2012 e *rabi/kharif-2013* na DRR. Em ambos os pais e famílias individuais F3, a análise de rendimento de planta única revelou que 16 linhas foram observadas como de alto rendimento (10 a 12,9 g/t colina de planta) e 78 linhas (5,4 a 9,99 g/t colina de planta) como de baixo rendimento em comparação com seus pais *viz.,* Sampada (16 g/t colina de planta) e /TJP IRGC1819)(11 g/t colina de planta). A análise da topologia da panícula revelou que 23 linhas (100 a 133) foram de alto rendimento e 71 linhas (40 a 99) de baixo rendimento de 94 da F2:3 em comparação com os seus progenitores *viz.,* Sampada (60) e Tropical *japonica*- IRGC1819)(40).

A análise da arquitetura foliar revelou 96 copas erectas (94 plantas individuais F(2:3) e 2 progenitores) Da mesma forma, no que diz respeito à exaustão da panícula, não houve representação para 2 progenitores e plantas individuais para as plantas fechadas, parcialmente exauridas: 7 plantas individuais (F2:3), apenas exercida: 34 plantas individuais, moderadamente exercida: 16 plantas individuais, e bem exercido: 37 plantas individuais. Os traços de arquitetura foliar e de esforço da panícula estudados revelaram caracteres interessantes de rendimento de grãos que podem ser utilizados para melhorar os recursos genéticos inexplorados da cultura do arroz para aumentar a produtividade.

A caraterização morfológica e a avaliação de características agronómicas essenciais no presente estudo identificaram acessos promissores para características de rendimento e de tipo de planta. Isto exigiu ainda a identificação de novos alelos, confirmando a utilidade da extração de alelos dos genes candidatos a partir de novas fontes de germoplasma de arroz.

Referências

Anónimo.(2013).WorldriceProduction.com,(http://www.worldriceproduction.c om) Anónimo (2009). India: A Country Study: Crop Output". Biblioteca do Congresso, Washington D.C. setembro. (1995). Recuperado em 21 de março de 2009).

Akromah, R e Bennette-Lartey, S.O. (1986). Coleção de germoplasma de arroz no Gana-1985. Relatório sobre a coleção de germoplasma de arroz no Gana apresentado em cumprimento parcial dos requisitos do 1st Genetics Resources Conservation andManagement Course. Instituto Internacional de Investigação do Arroz, Los Banos, Filipinas.

Bajracharya, J.; Steele, K.A.; Jarvis, D.I.; Sthapit, B.R,; Witcombe, J.R.(2006). Rice landrace diversity in Nepal: variability of agro-morphological traits and SSR markers in landraces from a high-altitude site. Fields Crop Research 95: 327-335

Bioversity International, IRRI e WARDA. (2007).

Counce, P.A., Wells, B.R., Gravois, K.A. (1992) Respostas do rendimento e do índice de colheita
À ferfilização nigrogénica pré-inundada em baixas populações de plantas de arroz. *J. Prod Agric* (5) 492-497

Instituto Internacional de Investigação do Arroz, (2001). Rice Research and Production in the 21st Century. (Referência Gramene ID 8380).

Ano Internacional do Arroz. (2004). Ficha informativa "Género e arroz" [PDF] (Referência Gramene ID 8371)

Instituto Internacional de Investigação do Arroz, Rice Web.

Jeng, T.L., Wang, C.S., Chen, C.L., Sung, J.M. (2003a). Efeitos da posição do grão na panícula sobre a atividade da enzima biossintética do amido em grãos em desenvolvimento da cultivar de arroz Tainung 67 e do seu mutante induzido por NaN3. *J. Agric. Sci.* 141, 303-311.

Jones, M. P., Dingkuhn, M., Aluko, G. K., & Semon, M. (1997). Progénies interespecíficas de Oryza sativa L. x *O. glaberrima* Steud. no melhoramento do arroz de terras altas. *Euphytica.* 92, 237-246

Khush,G. S (1999),Green revolution preparing for the 21st century. Genoma 42:646 655.

Ntano, D.A e Koutroubas S. D. (2002). Matéria seca, acumulação e translocação para arroz *indica* e *japonica* em condições mediterrânicas. *Field Crops Res.*74, 94-101

Peng J.Y, *et al.,* (1999). Os genes da "revolução verde" codificam moduladores mutantes da resposta à giberelina. Nature. 400 *256-261*.

Shimono,H.,Okada, M., Yamakawa,Y., Nakamura,H.,Kobayashi,K., and Hasegawa, T.(2008).Genotypic variation in rice yield enhancement by elevated co2 relates to growth before heading, and not to maturity group. *J. Exp. Bot.* (60). (2). Pp523-532

Tahir, M. I. ; Khalique, A. ; Pasha, T. N. ; Bhatti, J. A., (2002). Avaliação comparativa de farelo de milho, farelo de trigo e farelo de arroz na produção de leite de gado Holstein Friesian. Int. J. Agric. Biol., 4 (4): 559-560.

Yawen, Z.; Shiquani, S.; Zichao, L.; Zhongyi, Y.; Xiangkun, W.; Hongliang, Z.; Guosong, W. (2003). Diversidade ecogeográfica e genética baseada em caracteres morfológicos do arroz indígena (*Oryza sativa* L.) em Yunnan, China. Genetic Resources and Crop Evolution 50: 567-577.

Yibo, D.; Xinwu, P.; Qianhua, Y.; Hongjin, W.; Xujing, W.; Shirong, J.; Yufa, P. (2010). Diversidade ecológica, morfológica e genética em *Oryza rufipogon* Griff (Poaceae) da ilha de Hainan, China. Genetic Resources and Crop Evolution 57: 915-

926.

Yih-Chuan Kuo e Charng-Pei Li. (1994). Análise genética do comprimento da folha e da largura da folha bandeira no arroz, *Jour.Agri. Res. China* 43(2). 123~134.

CAPÍTULO 2

Análise comparativa de parâmetros agro-morfológicos para o rendimento de grãos em acessos de arroz (*Oryza. Sativa L, Oryza. Glaberrima Steudel*) da Libéria-África e da Índia-Ásia

Agradecimentos:

Agradecemos às autoridades da Direção de Investigação do Arroz a autorização e a assistência prestada para a realização deste trabalho de investigação nas suas instalações em Rejandranagar. A investigação foi apoiada pela Acharya N.G.Ranga Agricuktural University of India, pelo Indian Council of Agricultural Research, pelo Governo da Libéria através do Ministério da Agricultura, pelo Central Agricultural Research Institute of Liberia e pelo International Rice Research Institute (Filipinas).

Resumo

O presente estudo de investigação foi implementado com o objetivo de determinar o rendimento de grãos com base na avaliação de parâmetros agro-morfológicos em acessos de arroz (*Oryza sativa* L. *Oryza glaberrima* Steudel) da Libéria (África) e da Índia (Ásia). Noventa e seis acessos de arroz foram avaliados quanto ao rendimento e outras características agro-morfológicas. Foram identificados tipos de plantas promissores em termos de parâmetros de rendimento agronómico em *Oryza sativa* (comprimento da panícula (27), comprimento da folha bandeira (32), comprimento do colmo (6), comprimento do grão (30), copa das folhas (33), rendimento do grão (30), dias até ao descabeçamento (4) e maturidade (3), total de espiguetas (22) e total de grãos (24), *japonica:* comprimento da panícula (6), comprimento da folha bandeira (12), comprimento do colmo (2), comprimento do grão (14), copa das folhas (14), rendimento do grão (14), dias para o abrolhamento (5) e maturidade (1), total de espiguetas (8) e total de grãos (10). e *Indica* (comprimento da panícula (0), comprimento da folha bandeira (7), comprimento do caule (0), comprimento do grão (27), copa das folhas (35), rendimento do grão (27), dias para o descabeçamento (9) e dias para a maturidade (8), total de espiguetas (9) e total de grãos (8). Os resultados da investigação podem ser úteis no programa de melhoramento porque foram mostradas correlações positivas e negativas significativas entre as variáveis que contribuíram para o rendimento de grãos por genótipo.

(Palavras chave: rendimento de grãos, acesso de arroz, características agro-morfológicas)

INTRODUÇÃO

As duas espécies de arroz *cultivadas* (*Oryza sativa* L, *Oryza glaberrima* Steudel) constituem a segunda maior cultura alimentar de cereais produzida no mundo. O arroz alimenta mais de metade dos 6,8 mil milhões de habitantes da população humana, mas apenas cerca de 70% dos agricultores pobres o cultivam como principal alimento de base e atividade económica em milhões de hectares de terra na Ásia, África, América Latina e Caraíbas. No início da década de 1990, a produção anual era de cerca de 350 milhões de toneladas e, no final do século, atingiu 410 milhões de toneladas (Khush, 1999).

O arroz fornece 21% da energia per capita humana global e 15% das proteínas per capita (IRRI, 2004). As calorias do arroz são particularmente importantes na Ásia, especialmente entre os pobres, onde representa 50-80% da ingestão calórica diária (IRRI, 2001). Como seria de esperar, a Ásia é responsável por mais de 90% da produção mundial de arroz, sendo a China, a Índia e a Indonésia os países que mais produzem (IRRI, Rice Web). Para além da sua importância agronómica, é uma espécie modelo importante para as monocotiledóneas. A espécie *Oryza* tem um genoma diploide compacto de aproximadamente 500 Mbp (htt://gramene/species/oryza). Anon, (2013) relatou que a produção mundial de arroz (2013-14) foi de 475,57 milhões de toneladas métricas, cerca de 0,82 milhões de toneladas a mais do que as projecções anteriores e a produção de arroz durante o ano passado foi de 471,27 milhões de toneladas. No ano de 2014, estima-se que 475,57 milhões de toneladas poderão representar um aumento de 4,31 milhões de toneladas ou 0,91% na produção de arroz em todo o mundo (http://www.worldriceproduction.com). O arroz é a cultura predominante na Índia e constitui uma das principais culturas alimentares de base para satisfazer as necessidades dietéticas da maioria dos habitantes, especialmente os do leste e do sul do país, incluindo a sua economia nacional (Anon, 2009).

No entanto, os desafios que se colocam à cultura do arroz para melhorar o rendimento das variedades modernas de alto rendimento são limitantes e crê-se que se devem a uma base genética estreita. O alargamento da base genética com os genes relacionados com o rendimento e as características relacionadas com o tipo de planta provenientes de fontes inexploradas pode ser a alternativa. As variedades autóctones e os arrozais silvestres podem ser uma fonte de alelos importantes relacionados com o rendimento elevado, tal como evidenciado em relatórios.

Por conseguinte, o aumento genético do rendimento do arroz está a ser estudado utilizando várias estratégias, nomeadamente o melhoramento convencional e as abordagens biotecnológicas. Para além do enorme melhoramento que está a ser feito através de programas de melhoramento convencionais, o mapeamento fino, a clonagem posicional e as estratégias de seleção assistida por marcadores podem aumentar ainda mais o melhoramento do rendimento do arroz. *Sativa L, Oryza. glaberrima Steudel*) da Libéria-África e da Índia-Ásia. Os objectivos da investigação foram a avaliação de características morfo-agronómicas para o tipo de planta e a identificação de acessos de elevado rendimento com base em variáveis que contribuem para o rendimento de grãos da Libéria (África) e da Índia (Ásia).

Materiais e métodos

O presente estudo foi realizado durante a *kharif -rabi* 2012/2013 na Direção de Investigação do Arroz (DRR), Rajendranagar, Hyderabad, Estado de Telangana, Índia. A investigação dos acessos foi rastreada e estudada quanto ao rendimento e ao tipo de planta num total de noventa e seis acessos de arroz variados (Quadro 1), incluindo *Oryza sativa* L e *Oryza glaberrima* Steudel.Dos 96 acessos, quarenta e seis eram acessos de arroz da Libéria (36 intermédios de *Orzya sativa e 10 de Oryza glaberrima*), obtidos do banco de genes do Instituto Internacional de Investigação do Arroz (IRRI) (Filipinas) e os restantes eram acessos de arroz da Índia (31 linhas da subespécie *indica* e 19 da subespécie *japonica* tropical). Os acessos são cultivares tradicionais (Quadro 1) seleccionados a partir de colecções africanas e asiáticas com base em parâmetros de rendimento e em dadores/landraças/variedades bem conhecidos. Foi utilizado um desenho de blocos completos aleatórios (RCBD) com três repetições numa área total de 172,80 m² (17.280 cm²) e espaçamento de 20 cm x 15 cm (dentro de 400 m² parcela) de 10 ha de área cultivável nos campos DRR. Os fertilizantes necessários foram aplicados à taxa de 100 kg de nitrogénio, 40 kg de fósforo e 60 kg de muriato de potássio ha^{-1} . O fertilizante de nitrogénio foi aplicado em três fases de crescimento, ou *seja,* um quarto no basal, metade no perfilhamento ativo e um quarto no início da panícula. Tanto o fósforo como o Muriato de Potássio foram aplicados em dose única no solo empoçado. O pacote profilático recomendado para práticas de gestão agrícola adequadas foi adotado para um crescimento saudável e sustentado da cultura durante o período de investigação. Foram avaliados vinte e oito parâmetros relacionados com o rendimento de grãos em diferentes fases de crescimento (Quadro 2) do germoplasma/acessões de arroz. Os parâmetros avaliados foram: comprimento da panícula, comprimento e diâmetro da folha bandeira, comprimento e diâmetro abaixo da folha bandeira, comprimento do colmo, número de perfilhos produtivos, perfilhos não produtivos, rendimento de uma única planta, peso de 100 grãos cheios, data de colheita do grão, data de floração de 50 por cento, ramificação secundária da panícula, esforço da panícula, arquitetura da folha, comprimento do grão, largura do grão, awn e topologia da panícula (composta por: espiguetas primárias superiores, grãos primários superiores, espiguetas secundárias superiores, grãos secundários superiores, espiguetas primárias inferiores, grãos primários inferiores, espiguetas secundárias inferiores, grãos secundários inferiores, espiguetas totais e grãos totais.

Tabela 1. Acções de arroz da Libéria e da Índia investigadas durante a *kharif -rabi* 2012-2013 na DRR

S.No.	Field code	Variety Name	Type of species	Original Name
1	Kh'13-770	EC793799	*O.sativa*	EC793799
2	R'12-889	EC739800	*O.sativa*	EC739800
3	Kh'13-771	EC739801	*O.sativa*	EC739801
4	R'12-891	EC 739802	*O.sativa*	EC739803
5	Kh'13-774	EC739803	*O.sativa*	EC739804
6	Kh'13-775	EC739804	*O.sativa*	EC739805
7	Kh'13-776	EC739805	*O.sativa*	EC739806
8	Kh'13-777	EC739806	*O.sativa*	EC739807
9	Kh'13-778	EC739807	*O.sativa*	EC739808
10	Kh'13-779	EC739808	*O.sativa*	EC739810
11	R'12-899	EC739809	*O.sativa*	EC739811
12	Kh'13-781	EC739810	*O.sativa*	EC739812
13	Kh'13-782	EC739811	*O.sativa*	EC739813
14	Kh'13-783	EC739812	*O.sativa*	EC739814
15	Kh'13-784	EC739813	*O.sativa*	EC739815
16	Kh'13-785	EC739814	*O.sativa*	EC739816
17	Kh'13-786	EC739815	*O.sativa*	EC739832
18	Kh'13-787	EC739816	*O.sativa*	EC739833

19	Kh'13-788	EC739817	*O.sativa*	EC739834
20	Kh'13-789	EC739818	*O.sativa*	EC739817
21	Kh'13-790	EC739819	*O.sativa*	EC739818
22	Kh'13-791	EC739820	*O.sativa*	EC739819
23	Kh'13-792	EC739821	*O.sativa*	EC739820
24	Kh'13-793	EC739822	*O.sativa*	EC739821
25	Kh'13-794	EC739823	*O.sativa*	EC739822
26	Kh'13-795	EC739824	*O.sativa*	EC739823
27	Kh'13-796	EC739825	*O.sativa*	EC739824
28	Kh'13-797	EC739826	*O.sativa*	EC739825
29	Kh'13-798	EC739827	*O.sativa*	EC739826
30	Kh'13-799	EC739828	*O.sativa*	EC739827
31	Kh'13-800	EC739829	*O.sativa*	EC739828
32	Kh'13-802	EC739831	*O.sativa*	EC739829
33	Kh'13-803	EC739832	*O.sativa*	EC739830
34	Kh'13-804	EC739833	*O.sativa*	EC739831
35	Kh'13-805	EC739834	*O.sativa*	EC739835
36	Kh'13-806	EC739835	*O.sativa*	EC739836
37	Kh'13-807	EC739836	*O.glaberrima*	EC739837
38	Kh'13-808	EC739837	*O.glaberrima*	EC739838
39	Kh'13-809	EC739838	*O.glaberrima*	EC739839
40	Kh'13-810	EC739839	*O.glaberrima*	EC739840
41	Kh'13-811	EC739840	*O.glaberrima*	EC739841
42	Kh'13-812	EC739841	*O.glaberrima*	EC739842
43	Kh'13-813	EC739842	*O.glaberrima*	EC739843
44	Kh'13-814	EC739843	*O.glaberrima*	EC739844
45	Kh'13-815	EC739844	*O.glaberrima*	EC739845
46	Kh'13-816	EC739845	*O.glaberrima*	EC739845
47	Kh'13-817	ADT 36	*O.sativa (subspecies Indica)*	ADT 36
48	Kh'13-818	ADT 39	*O.sativa (subspecies Indica)*	ADT 39
49	Kh'13-819	BPT 5204	*O.sativa (subspecies Indica)*	BPT 5204
50	Kh'13-820	GOVIND	*O.sativa (subspecies Indica)*	GOVIND
51	Kh'13-821	IR 36	*O.sativa (subspecies Indica)*	IR 36
52	Kh'13-822	IR 50	*O.sativa (subspecies Indica)*	IR 50
53	Kh'13-823	IR 64	*O.sativa (subspecies Indica)*	IR 64
54	Kh'13-824	IR 8	*O.sativa (subspecies Indica)*	IR 8
55	Kh'13-825	JAYA	*O.sativa (subspecies Indica)*	JAYA
56	Kh'13-826	LALAT	*O.sativa (subspecies Indica)*	LALAT
57	Kh'13-827	MAHSURI	*O.sativa (subspecies Indica)*	MAHSURI
58	Kh'13-828	NDR 359	*O.sativa (subspecies Indica)*	NDR 359
59	Kh'13-829	PR 106	*O.sativa (subspecies Indica)*	PR 106
60	Kh'13-830	PR 113	*O.sativa (subspecies Indica)*	PR 113
61	Kh'13-831	PR 116	*O.sativa (subspecies indica)*	PR 116
62	Kh'13-832	PUSA BASMATI	*O.sativa (subspecies indica)*	PUSA BASMATI
63	Kh'13-833	PUSA 44	*O.sativa (subspecies indica)*	PUSA 44
64	Kh'13-834	SARTOO 52	*O.sativa (subspecies Indica)*	SARTOO 52
65	Kh'13-835	SWARNA	*O.sativa (subspecies indica)*	SWARNA

66	Kh'13-836	MTU1081	*O.sativa (subspecies indica)*	MTU1081
67	Kh'13-837	APMS 6B	*O.sativa (subspecies indica)*	APMS 6B
68	Kh'13-838	AVTIBT 2410	*O.sativa (subspecies indica)*	AVTIBT 2410
69	Kh'13-839	SAMPADA	*O.sativa (subspecies indica)*	SAMPADA
70	Kh'13-840	TJP78	*O.sativa(subspecies japonica)*	TJP78
71	Kh'13-842	TRP1777	*O.sativa(subspecies japonica)*	TRP1777
72	Kh'13-843	TJP 1	*O.sativa (subspeciesjaponica)*	TJP 1
73	Kh'13-844	TJP 2	*O.sativa (subspecies japonica)*	TJP 2
74	Kh'13-845	TJP 5	*O.sativa(subspecies japonica)*	TJP 5
75	Kh'13-846	TJP 6	*O.sativa (subspecies japonica)*	TJP 6
76	Kh'13-847	TJP 10	*O.sativa (subspecies aponica)*	TJP 10
77	Kh'13-848	TJP 11	*O.sativa (subspeciesjaponica)*	TJP 11
78	Kh'13-850	TJP 13	*O.sativa (subspecies aponica)*	TJP 13
79	Kh'13-851	TJP 14	*O.sativa (subspecies aponica)*	TJP 14
80	Kh'13-852	TJP 16	*O.sativa (subspecies aponica)*	TJP 16
81	Kh'13-853	TJP 18	*O.sativa (subspecies aponica)*	TJP 18
82	Kh'13-854	TJP 19	*O.sativa (subspeciesaponica)*	TJP 19
83	Kh'13-855	TJP 22	*O.sativa (subspecies aponica)*	TJP 22
84	Kh'13-856	TJP 25	*O.sativa (subspecies aponica)*	TJP 25
85	Kh'13-857	CNN63	*O.sativa (subspecies indica)*	CO43
86	Kh'13-858	CNN 71	*O.sativa (subspecies indica)*	ASD30
87	Kh'13-859	CNN 56	*O.sativa (subspecies indica)*	CO49
88	Kh'13-860	CNN 72	*O.sativa (subspecies indica)*	CR1014
89	Kh'13-861	CNN 55	*O.sativa (subspecies indica)*	ADT42
90	Kh'13-862	CNN 44	*O.sativa (subspecies indica)*	FZ3
91	Kh'13-863	GF 7	*O.sativa (subspecies indica)*	BR4-10
92	Kh'13-864	GF 20	*O.sativa (subspecies Indica)*	HRC629
93	Kh'13-866	GF 45	*O.sativa (subspecies Indica)*	IC5968
94	Kh'13-867	GF 58	*O.sativa (subspecies Indica)*	MO1
95	Kh'13-868	GF 67	*O.sativa (subspecies Indica)*	SWARNA
96	Kh'13-869	GF 33	*O.sativa (subspecies Indica)*	IC114894

Tabela 2. Parâmetro de crescimento avaliado para rendimento e tipo de planta durante o *rabi/kharif* 2013.

S. No	Growth Parameter	Growth stage	S. No	Growth parameter	Growth stage
1	Days to heading	Initiation of flowering	16	100-filled seed (grain)	After harvest of rice accessions at 13 % moisture content
2	50% flowering	After flowers initiation	17	Top primary spikelets	
3	Days to maturity	After 50% flowering to 80% of spikelets ripen	18	Top primary grain	
4	Panicle length	After flowering and prior to days to maturity	19	Top secondary spikelets	
5	Leaf architecture	Vegetative stage			
6	Flag length	After flowering and prior to days to maturity	20	Top secondary grain	
7	Flag leaf width	After flowering and prior to days to maturity	21	Bottom primary spikelets	
8	Leaf length below flag leaf	After flowering and prior to days to maturity	22	Bottom primary grain	
9	Leaf length width/flag leaf	After flowering and prior to days to maturity	23	Bottom secondary spikelets	
10	Culm length	After flowering and prior to days to maturity	24	Bottom secondary grain	
11	Grain breadth	After harvest	25	Total spikelets	
12	Grain length	After harvest	26	Total grain	Ripening
13	Plant grain yield	After harvest	27	Panicle exertion	
14	Productive tiller		28	Secondary branching of panicle	
15	Non productive tiller				

Resultados e discussões

As observações foram analisadas para médias gerais, análise de variâncias

(ANOVA) e soma de quadrados e são apresentadas para o germoplasma de arroz dos estudos mostraram alto nível de significância das correlações entre os caracteres analisados no germoplasma de arroz (Tabela 2).

Comprimento da panícula (cm)

Foi observada e registada uma média geral de 22,59 cm para esta caraterística e de 13,5 cm a 32,7 cm. Entre os acessos de arroz avaliados, o EC739819 registou um comprimento máximo da panícula de 32,7 cm e o EC739843 registou 13,5 cm (Tabela 3). O comprimento da panícula apresentou correlação altamente significativa com o comprimento da folha bandeira (0,719**), largura da folha bandeira (0,646**), comprimento da folha abaixo da folha bandeira (0,739**), largura do comprimento da folha abaixo da folha bandeira (0,502**), comprimento do colmo (0,713**), largura do grão (0,361**), peso de 100 sementes cheias (0,388**), espiguetas primárias superiores (0.373**), grão primário superior (0,407**), espiguetas secundárias superiores (0,429**), grão secundário superior (0,416**), espiguetas secundárias inferiores (0,232*), grão secundário inferior (0,222*), espiguetas superiores (0,355**), grão total (0,334**), esforço da panícula (0,345**), ramificação secundária da panícula (0,311**)(Tabela 4).

Comprimento da folha bandeira e largura da folha bandeira (cm)

A média geral registada no comprimento da folha bandeira foi de 27,72 cm e na largura da folha bandeira (1,32 cm). Eles variaram de 13,7 cm a 43,0 cm para a caraterística de comprimento da folha bandeira e largura da folha bandeira (0,2 cm a 2,0 cm) entre os acessos estudados (Tabela 3). O EC739803 apresentou 43 cm como o maior e o EC739843 (13,7 cm) como o menor comprimento da folha bandeira, enquanto a largura da folha bandeira, 4 acessos de (EC739809, EC739813, EC739817 e EC739832) registaram uma largura maior de 2 cm e EC739844' 0,8 cm como a menor (Quadro 3). O comprimento da folha bandeira e a largura da folha bandeira registaram uma correlação altamente significativa na maioria dos caracteres estudados entre os genótipos. O comprimento da folha bandeira foi correlacionado com a largura da folha bandeira (0,581**), comprimento da folha abaixo da folha bandeira (0,738**), largura do comprimento da folha abaixo da folha bandeira (0,510**), comprimento do colmo (0,606**), largura do grão (0,306**), peso de 100 sementes cheias (0,248*), espiguetas primárias superiores (0,366**), grão primário superior (0.399**), espiguetas secundárias superiores (0,462**), grãos secundários superiores (0,454**), espiguetas secundárias inferiores (0,207*), espiguetas totais (0,338**), grãos totais (0,297**), esforço da panícula (0,347**), ramificação secundária da panícula (0,339**) e rendimento de grãos (0,410**) (Tabela 3).

A largura da folha bandeira também se correlacionou com o comprimento da folha abaixo da folha bandeira (0,646**), largura do comprimento da folha abaixo da folha bandeira (0,726**), comprimento do colmo (0,582**), largura do grão (0,446**), peso de 100 sementes cheias (0,357**), espiguetas primárias superiores (0.409**), grão primário superior (0.470**), espiguetas secundárias superiores (0.407**), grão secundário superior (0.440**), espiguetas primárias inferiores (0.212*), grão primário inferior (0.229*), espiguetas secundárias inferiores (0.314**), grão secundário inferior (0.333**), número total de espiguetas (0,405**), número total de grãos (0,406**), esforço da panícula (0,219*), ramificação secundária da panícula (0,229*), rendimento de grãos (0,330**) e correlação negativa com perfilhos produtivos (-0,220*) (Tabela 3).

Comprimento do caule (cm)

O carácter caules é um gene agronomicamente importante com caules curtos e robustos na cultura do arroz que podem ser explorados pela sua força mecânica e resistência ao acamamento para evitar a perda de grãos em espiguetas mais altas e topologia de panícula densa.

Entre os genótipos avaliados, a média geral registada para esta caraterística foi de 66,56 cm e variou entre 26,8 cm e 114,3 cm. Observou-se que EC739819 registrou (114,3 cm) como o mais alto e EC739843 (26,8 cm) como o mais baixo para este caráter (Tabela 3).

Foi observado que o comprimento do colmo apresentou correlações altamente significativas com os seguintes caracteres: largura do grão (0,452**), peso de 100 sementes cheias (0,463**), espiguetas primárias superiores (0,359**), grão primário superior (0,378**), espiguetas secundárias superiores (0.391**), grão secundário superior (0,401**), espiguetas secundárias inferiores (0,256*), grão secundário inferior (0,265**), espiguetas totais (0,342**), grão total (0,321**), esforço da panícula (0,496**), ramificação secundária da panícula (0,282**) e rendimento de grãos (0,527**) (Tabela 4). Observou-se no carácter comprimento do caule que uma porção significativa de acessos e plantas individuais mostrou o seguinte; 17 acessos "muito curtos" (<50 cm), 38 acessos muito curtos a curtos (51-70 cm), 31 acessos 'curtos (71-90 cm), 8 acessos 'curtos a intermédios (91-105 cm) e 2 acessos 'intermédios (91-105 cm) (Quadro 3) Em estudos semelhantes, Akromah e Bennette-Lartey (1986) caracterizaram germoplasma para caule curto e robusto para rendimento e tipo de planta.

Número de perfilhos produtivos e não produtivos

O carácter de perfilhamento é outra caraterística de importância agronómica que contribui para a obtenção de rendimento de grãos no germoplasma de arroz e, por conseguinte, deve ser explorada para aumentar a potencialidade da cultura de modo a cumprir objectivos simples de reprodução.

A média geral registrada para o caráter foi de 17 perfilhos produtivos e 4 perfilhos não produtivos avaliados entre os genótipos (Tabela 3). As faixas observadas foram de 2 a 32 perfilhos produtivos, e zero a 8 perfilhos não produtivos. Ele está significativamente correlacionado com a ramificação secundária da panícula (0,308**) (Tabela 4). O genótipo CNN63 registrou 32 perfilhos como o mais alto e 2 perfilhos no EC739817 como o mais baixo. Da mesma forma, 8 perfilhos não produtivos foram registrados no EC739817 como o mais alto e zero perfilhos não produtivos observados em 50 acessos (Tabela 3). Em estudo semelhante, Counce *et al.,* (1992) relataram que o número de panículas é um dos principais determinantes do rendimento de grãos; ele é diretamente afetado pelos perfilhos, mesmo em populações adequadas de plantas.

Arquitetura das folhas

A arquitetura das folhas é outra caraterística agronómica importante que está altamente associada à obtenção cumulativa de rendimento de grãos. É evidente que a arquitetura da folha está altamente associada a interacções fotossintéticas em que a energia da radiação é convertida através da morfologia da folha como assimilados para satisfazer as necessidades de enchimento do grão. O estudo revelou 83 acessos com copa de crescimento ereto e 13 com copa de crescimento descaído.

Numa investigação semelhante, Peng *et al.*, (1999) referiram que a morfologia foliar do arroz é crucial para a eficiência da fotossíntese e, consequentemente, para os rendimentos, e definiram o seu ideótipo como base para uma produção e produtividade elevadas.

Dias até 50% de floração e dias até à maturidade

Os dias para o avanço e a maturidade são genes agronomicamente importantes que contribuíram imensamente para o aumento do rendimento dos grãos e do tipo de planta. Por conseguinte, podem ser explorados em colecções inexploradas de germoplasma de arroz. Os dados registados para este carácter revelaram que a média geral em 96 genótipos foi de 72,5 e variou entre 51 e 94 para este carácter. O genótipo EC739832 registou um máximo de 94 e os genótipos CNN56 e CNN72 registaram o mínimo de 51 em dias até 50% de floração entre o germoplasma de arroz (Quadro 3).

Entre os genótipos observados, os dias de maturação registados variaram de 76 a 119. O genótipo EC739832 registou o maior número de dias até à maturidade (119) e o GF7 registou o menor número de dias (76) (Quadro 3). O número de dias até à maturidade também registou uma correlação altamente significativa com o diâmetro da folha bandeira (0,283**) e o diâmetro do comprimento da folha abaixo da folha bandeira (0,272**) (Quadro 3). Tahir *et al.*, 2002, relatam que as interacções genotípicas e ambientais directas e indirectas confirmaram uma grande variabilidade no estudo atual dos acessos e das plantas individuais em termos de rendimento e tipo de planta.

Comprimento do grão (mm)

A média geral registada foi de 8,2 mm e variou de 6,16 mm a 11,96 mm para esta caraterística entre os genótipos. O genótipo 'AVT-IBT 2410' registrou 11,96 mm como o máximo, enquanto 'ADT39' 6,16 mm (Tabela 3). O comprimento do grão registrou correlação altamente significativa com o peso de 100 sementes cheias (g) de (0,463**) e correlação negativa com perfilhos não produtivos de (-0,219*) e ramificação secundária da panícula (-0,099*) (Tabela 4).

Largura do grão (mm)

A média geral observada e registada para este carácter foi de 2,56 mm e variou de 1,6 mm a 3,3 mm entre os genótipos. O genótipo EC739826 registou um máximo de 3,3 mm enquanto o EC739843' 1,6 mm foi o mínimo entre todos os acessos estudados (Quadro 3).

O carácter largura do grão apresentou uma correlação altamente significativa com outras características como o peso de 100 sementes cheias (0,466**), grão primário superior (0,243*), grão secundário superior (0,224*), esforço da panícula (0,224*), rendimento do grão (0,259*) e uma correlação negativa significativa com o peso do rebento (-0,265**) (Quadro 4).

Peso de 100 sementes cheias (g)

O carácter peso do grão é um determinante agronómico importante para a componente de rendimento das culturas cerealíferas. É determinado pela presença de fonte (capacidade fotossintética) e sumidouro (assimilados) no arroz para acumular importantes assimilados importados

A média geral registada no peso de 100 sementes cheias foi de 2,40 g e variou de 1,58 g a 4,51 g entre os genótipos estudados. O genótipo EC739826 registrou o peso máximo de 4,51 g e 'TRP1777 e ADT 39' registraram 1,58 g (Tabela 3). A caraterística de 100 sementes cheias tem correlação altamente significativa com o grão primário superior (0,290**), grãos totais (0,212*), esforço da panícula (0,296**), rendimento de grãos (0,249*) e correlação negativa significativa com perfilhos produtivos (-0,292) (Tabela 4). Em estudos semelhantes, Ntanos e Koutroubas,(2002), Jones *et al.,* (1979) e Jeng *et al.,* (2003a) referiram que um tamanho de grão maior tende a manter uma taxa de enchimento de grão mais elevada, resultando numa maior acumulação de assimilados e num peso de grão mais elevado.

Rendimento de grãos (g)

O rendimento de grãos é o resultado da caraterística multi-complexa de vários loci de características quantitativas e outras variáveis ambientais que contribuem para a média acumulada por genótipo. O rendimento de grãos por planta está direta e indiretamente correlacionado com outros componentes do rendimento, como o comprimento da panícula, o comprimento da bandeira, o número de grãos, a arquitetura das folhas e o peso de 100 grãos cheios, excluindo factores ambientais desconhecidos.

A média geral registada foi de 17,66 g e variou de 1,97 g a 56,4 g entre os genótipos avaliados. O genótipo 'EC739818' registou 56,4 g como o mais alto e 'IR 50' 1,19 g como o mais baixo (Quadro 3). O caráter rendimento de grãos tem correlação significativa com o comprimento da folha bandeira (0,410**), largura da folha bandeira (0,330**), comprimento da folha abaixo da folha bandeira (0,511**), largura do comprimento da folha abaixo da folha bandeira (0,209*), comprimento do colmo (0,527**), largura/largura do grão (0,259*), peso de 100 sementes cheias (0.249*), grão primário superior (0,222*), espiguetas secundárias superiores (0,314**), grão secundário superior (0,354**), espiguetas secundárias inferiores (0,223*), espiguetas totais (0,277**), grãos totais (0,259*), esforço da panícula (0,311**), ramificação secundária da panícula (0289**) (Tabela 4).

Ramificação secundária da panícula

A análise mostrou agrupamento (59 acessos), denso (7 acessos), esparso (8 acessos) e ausente (22 acessos) (Tabela 4), com base na ramificação secundária da panícula classificada pela Bioversity International, IRRI, WARDA (2007). O carácter está significativamente correlacionado com o rendimento de grãos por (0,289**) a P <0,01, e p<0,05, awn significativamente correlacionado com o rendimento de grãos por (0,0238*) nos acessos (Tabela 4).

Topologia da panícula

A arquitetura da panícula do arroz é uma das características agronómicas mais importantes que contribuem para o rendimento do grão. É importante investigar a topologia da panícula e os genes responsáveis pela sua formação em linhas de arroz, uma vez que se observam espiguetas mais altas que contribuem para o rendimento de grãos. O estudo da topologia da panícula para o rendimento e o tipo de planta no arroz revelou que cerca de 45 a 50 por cento contribuem para a formação do rendimento total de grãos.

Espiguetas primárias superiores

A média geral de espiguetas primárias superiores registadas foi de 30,5 e variou entre 4 espiguetas e 76 espiguetas. O genótipo EC739832 registou 76 espiguetas como a mais alta e 'Pusa Basmati' 4 espiguetas como a mais baixa entre os acessos estudados (Quadro 3). As espiguetas primárias superiores apresentaram uma correlação significativa com os seguintes caracteres, tais como: grãos primários superiores (0,929**), espiguetas secundárias superiores (0.666**), grãos secundários superiores (0,657**), espiguetas primárias inferiores (0,688**), grãos primários inferiores (0,653**), espiguetas secundárias inferiores (0,435**), grãos secundários inferiores (0,488**), espiguetas totais (0,830**), grãos totais (0,776**), esforço da panícula (0,213*) e ramificação secundária da panícula (0,386**) (Tabela 4).

Grãos primários de topo

A média geral registada para este carácter foi de 26,2 e variou entre 4 e 68 grãos. O genótipo EC739832 registou 68 grãos como o mais elevado e 'Pusa Basmati' 4 grãos como o mais baixo entre os acessos avaliados (Quadro 4). Os grãos primários superiores mostraram uma correlação significativa com as seguintes características *viz,* espiguetas secundárias superiores (0,660**), grãos secundários superiores (0,728**), espiguetas primárias inferiores (0,593**), grãos primários inferiores (0,633**), espiguetas secundárias inferiores (0,393**), grãos secundários inferiores (0,515**), espiguetas totais (0,770**), grãos totais (0,810**), ramificação secundária da panícula (0,277**) e rendimento de grãos (0,222*) (Quadro 4).

Espiguetas secundárias superiores

A média geral para essa caraterística registada foi de 33,2 e variou de 5 espiguetas a 88 espiguetas. O genótipo 'EC793799' registrou 88 espiguetas como o máximo, enquanto 'EC739836' 5 espiguetas como o mínimo observado entre os acessos (Tabela 3). Houve correlação significativa deste carácter com os grãos secundários superiores (0,919**),

espiguetas primárias inferiores (0,498**), grãos primários inferiores (0,442**), espiguetas secundárias inferiores (0,609**), grãos secundários inferiores (0,482**), espiguetas totais (0,852**), grãos totais (0,748**), esforço da panícula (0,242*), ramificação secundária da panícula (0,286**) e rendimento de grãos (0,314**) (Tabela 4).

Grãos secundários de topo

A média geral registada foi de 28,3 e variou entre 4 grãos e 77 grãos para esta caraterística. O genótipo 'EC739803' registrou 77 grãos como o máximo e 'EC739824 e EC739836' 4 como o mínimo dos acessos avaliados (Tabela 4). Os grãos secundários superiores exibiram correlação significativa com os seguintes caracteres: espiguetas primárias inferiores (0,486**), grãos primários inferiores (0,496**), espiguetas secundárias inferiores (0,622**), grãos secundários inferiores (0,593**), espiguetas totais (0,822**), grãos totais (0,836**), ramificação secundária da panícula (0,226*) e rendimento de grãos (0,354**) (Tabela 5).

Espiguetas primárias inferiores

A média geral registrada foi de 29,1 e variou de 12 espiguetas a 77 espiguetas. Os genótipos 'TJP 2 e TJP 18 registraram 77 espiguetas como o máximo e 'TJP 19' 12 espiguetas como o mínimo entre os acessos avaliados (Tabela 4). Houve correlação significativa desse caráter com grãos primários inferiores (0,949**), espiguetas secundárias inferiores (0,654**), grãos secundários inferiores (0,693**), espiguetas totais (0,836**) e grãos totais (0,813**) (Tabela 5).

Grãos primários inferiores

A média geral registada foi de 24,1 e variou entre 10 e 65 grãos. Os genótipos 'TJP 2, TJP 11 e TJP 19' registaram 65 grãos como os mais elevados, enquanto 'EC793799 e TJP 19' registaram 10 grãos como os mais baixos dos dados observados

(Quadro 4). Os grãos primários inferiores apresentaram uma correlação significativa com as espiguetas secundárias inferiores (0,633**), grãos secundários inferiores (0,745**), espiguetas totais (0,787**) e grãos totais (0,813**) (Quadro 5).

Espiguetas secundárias inferiores

A média geral registada foi de 29,2 e variou de 1 espigueta a 73 espiguetas. O genótipo EC739805 registou 73 espiguetas como a mais alta, enquanto que 'EC7939836' 1 espigueta como a mais baixa dos dados observados (Quadro 4). As espiguetas secundárias inferiores apresentaram uma correlação significativa com os grãos secundários inferiores (0,866**), espiguetas totais (0,809**), grãos totais (0,723**) e rendimento de grãos (0,223*) (Quadro 5).

Grãos secundários inferiores

A média geral registada foi de 21,6 e variou de 1 grão a 72 grãos. O genótipo EC739805' registou 72 grãos como o mais elevado, enquanto 'EC739836' registou 1 grão como o mais baixo dos dados observados entre os acessos (Quadro 4). Os grãos secundários inferiores apresentaram correlação significativa com o total de espiguetas (0,753**) e o total de grãos (0,809**) (Tabela 5).

Total de espiguetas

A média geral registrada foi de 122,2 e variou de 34 espiguetas a 276 espiguetas. O genótipo 'TJP 2' registou 276 espiguetas como a mais elevada, enquanto 'EC739836' registou 34 como a mais baixa dos dados observados nos acessos (Quadro 4). O total de espiguetas apresentou correlação significativa com o total de grãos (0,906**), ramificação secundária da panícula (0,320**) e rendimento de grãos (0,277**) (Tabela 5).

Total de grãos

A média geral registada foi de 99,9 e variou entre 29 grãos e 221 grãos. O genótipo 'TJP 2' registou 221 grãos como o mais elevado, enquanto 'EC739836' registou 29 grãos como o mais baixo dos dados observados (20) (Quadro 4). O total de grãos

apresentou correlação significativa com a ramificação secundária da panícula (0,238*)
e com o rendimento de grãos (0,259*) (Tabela 5).

45

Tabela 3. Médias de caracteres fenotípicos em acessos de arroz (*O.sativa*, *O.glaberrima* - África) & *indica e* japonica-Ásia

TRAIT / ACC.No	PL (cm)	FLL (cm)	FLW (cm)	LLBFL (cm)	LLBFLW (cm)	CL (cm)	GL (mm)	GW (mm)	100 FSG(g)	SPY (g)	PT	NPT	Sterile	PE	SBP	LA	SCG	AWN	DTH	50% DTF	DTM	TPS	TPG	TSS	TSG	BPS	BPG	BSS	BSG	TTS	TTG
EC793799	25.0	33.7	1.5	52.0	1.8	77.7	8.4	2.6	2.4	9.1	3.0	0	0	9.0	3	1.0	1	1	66	66-68	89	35.0	23.0	88.0	31.3	22.0	10.0	36.0	7.0	181.0	71.3
EC739800	18.5	29.0	1.1	32.8	1.0	56.7	8.3	2.6	2.5	2.9	3.0	1	0	5.0	0	1.0	1	1	87	87-91	112	27.0	23.0	28.0	24.7	25.0	22.0	28.0	21.0	108.0	91.0
EC739801	26.0	23.6	1.2	34.2	1.0	61.7	8.6	2.9	2.5	10.0	3.0	0	0	9.0	3	1.0	1	2	54	54-57	78	28.0	21.0	43.0	40.0	18.0	16	24.0	21.0	113.0	98.0
EC 739802	27.3	33.3	1.8	49.3	1.3	78.3	6.2	2.6	2.5	9.9	4.0	1	0	9.0	2	1.0	1	2	54	54-57	78	29.0	24.0	25.0	20.0	26.0	23.0	22.0	22.0	102.0	89.0
EC739803	25.5	43.0	1.7	57.0	1.0	92.7	7.7	3.0	2.2	32.5	21.0	2	0	9.0	1	1.0	1	1	54	54-57	78	35.0	32.0	82.0	77	22.0	18.0	53.0	30.0	192.0	157.0
EC739804	22.0	31.0	1.4	43.7	1.1	76.3	9.0	2.5	2.6	33.0	16.0	0	0	9.0	1	2.0	1	1	57	57-60	81	10.0	9.0	19.0	16.0	21.0	16.0	22.0	15.0	72.0	56.0
EC739805	25.5	27.0	1.6	38.8	1.4	98.3	9.1	2.3	3.1	7.5	4.0	0	0	9.0	1	1.0	1	1	61	61-63	84	35.0	34.0	46.0	46.0	30.0	29.0	73.0	72.0	184.0	181.0
EC739806	31.3	38.7	1.7	56.0	1.2	69.0	9.2	2.8	2.8	31.1	2.0	5	0	9.0	3	1.0	1	1	69	69-75	96	35.0	25.0	36.0	26.0	26.0	16.0	35.0	19.0	132.0	86.0
EC739807	26.3	27.3	1.9	43.0	1.4	81.7	7.3	3.1	2.6	7.1	5.0	1	0	5.0	2	1.0	1	1	86	86-96	116	31.0	30.0	26.0	25.0	25.0	25.0	33.0	32.0	115.0	112.0
EC739808	23.4	29.3	1.9	42.5	1.4	83.0	7.6	3.3	2.7	11.0	3.0	0	0	7.0	2	1.0	1	1	77	77-83	103	18.0	18.0	42.0	41.0	33.0	27.0	40.0	29.0	133.0	115.0
EC739809	27.3	36.7	2.0	48.3	1.2	68.3	8.7	3.3	2.8	25.9	6.0	1	0	5.0	3	1.0	1	1	86	86-96	116	34.0	31.0	35.0	34.0	17.0	15.0	16.0	10.0	102.0	90.0
EC739810	25.8	37.0	1.7	49.7	1.4	88.2	8.2	2.4	3.2	25.9	4.0	1	0	9.0	0	1.0	1	1	77	77-81	101	38.0	32.0	37.0	32.0	31.0	28.0	28.0	20.0	134.0	112.0
EC739811	27.3	39.3	1.7	52.3	1.5	85.7	8.6	3.0	2.9	18.1	3.0	0	0	7.0	2	1.0	1	1	87	87-90	111	61.0	58.0	64.0	63.0	20.0	20.0	26.0	24.0	171.0	165.0
EC739812	25.0	21.3	1.3	35.5	1.1	80.7	9.1	2.9	2.5	40.6	8.0	0	0	9.0	2	1.0	1	2	81	81-87	108	22.0	18.0	25.0	22.0	17.0	14.0	24.0	17.0	88.0	71.0
EC739813	29.3	37.7	2.0	57.3	1.5	100.3	7.5	2.6	2.5	31.1	9.0	1	0	9.0	3	1.0	1	1	87	87-90	111	66.0	59.0	68.0	64.0	60.0	52.0	64.0	56.0	258.0	131.0
EC739814	29.3	36.0	1.8	52.8	1.3	91.3	9.1	3.1	3.1	17.3	3.0	1	0	9.0	3	1.0	1	1	87	87-91	112	40.0	40.0	38.0	37.0	26.0	25.0	24.0	24.0	128.0	126.0
EC739815	25.3	33.8	1.4	49.7	1.2	89.0	9.0	2.9	2.8	32.0	5.0	0	0	9.0	3	1.0	1	1	82	81-87	108	39.0	37.0	47.0	43.0	28.0	24.0	32.0	27.0	146.0	121.0
EC739816	27.3	27.2	1.6	42.5	1.3	93.7	7.9	2.6	2.6	20.7	4.0	1	0	9.0	3	2.0	1	1	86	86-92	113	32.0	29.0	40.0	37.0	31.0	27.0	36.0	27.0	139.0	120.0
EC739817	24.3	34.3	2.0	51.7	1.6	77.7	8.8	3.3	3.2	26.9	2.0	1	0	5.0	3	1.0	1	1	79	79-82	103	51.0	48.0	52.0	47.0	51.0	45.0	49.0	43.0	203.0	183.0
EC739818	26.7	34.3	1.7	57.7	1.5	88.0	8.8	2.8	3.0	56.4	2.0	2	0	5.0	3	1.0	1	1	84	84-87	108	30.0	25.0	21.0	18.0	43.0	33.0	46.0	32.0	140.0	108.0
EC739819	32.7	41.7	1.3	53.0	1.0	114.3	8.2	2.5	1.9	38.0	14.0	0	0	5.0	3	1.0	1	1	76	76-84	105	24.0	23.0	46.0	44.0	25.0	23.0	48.0	37.0	143.0	127.0

EC739820	27.7	41.7	1.3	52.3	1.0	88.0	7.5	2.3	1.9	44.6	16.0	1	0	9.0	3	1.0	1	1	65	65-71	92	38.0	35.0	66.0	59.0	23.0	17.0	27.0	18.0	154.0	129.0
EC739821	18	21.3	1.3	35.3	0.8	73.7	7.4	3.0	2.4	25.0	4.0	0	0	9.0	3	1.0	1	1	74	74-76	97	31.0	31.0	33.0	33.0	16.0	15.0	16.0	13.0	96.0	92.0
EC739822	18.2	32.5	1.0	26.5	1.0	68.0	7.2	2.5	2.4	17.7	10.0	4	0	9.0	3	1.0	2	1	74	74-76	97	17.0	15.0	56.0	46.0	20.0	12.0	27.0	11.0	120.0	84.0
EC739823	16.9	25.3	1.2	22.6	1.3	65.0	7.1	2.5	2.1	12.6	12.0	5	0	7.0	3	2.0	1	1	66	66-71	92	26.0	11.0	29.0	17.0	27.0	16.0	27.0	14.0	109.0	58.0
EC739824	15.4	24.3	1.2	28.3	1.1	65.7	7.3	2.6	2.0	7.3	13.0	8	0	7.0	3	2.0	1	1	74	74-76	97	22.0	18.0	5.0	4.0	18.0	13.0	2.0	2.0	47.0	38.0
EC739825	26.8	33.0	1.4	46.0	1.0	78.7	7.8	2.4	2.4	18.3	6.0	0	0	9.0	3	2.0	1	1	64	64-66	87	26.0	22.0	30.0	26.0	34.0	30.0	43.0	38.0	133.0	116.0
EC739826	20.5	29.7	1.7	41.7	1.4	96.0	9.6	3.3	2.9	13.3	14.0	3	0	9.0	2	1.0	1	2	81	81-86	107	32.0	29.0	38.0	32.0	32.0	27.0	30.0	25.0	132.0	113.0
EC739827	25.0	26.0	1.9	35.5	1.2	76.0	7.1	2.9	3.0	30.7	6.0	1	0	9.0	3	1.0	1	1	64	64-66	87	32.0	29.0	39.0	32.0	32.0	27.0	30.0	25.0	133.0	113.0
EC739828	26.2	31.7	1.4	45.3	1.1	73.7	7.3	2.6	4.5	35.1	6.0	2	0	9.0	3	2.0	1	1	67	67-74	95	25.0	23.0	40.0	36.0	28.0	24.0	35.0	31.0	128.0	114.0
EC739829	25.7	28.0	1.3	35.3	1.0	83.3	7.8	3.0	2.8	40.1	6.0	3	0	9.0	3	2.0	1	1	68	68-70	91	29.0	29.0	36.0	34.0	22.0	19.0	13.0	12.0	100.0	94.0
EC739831	26.7	30.3	1.2	38.0	1.0	83.0	8.4	2.9	2.3	52.7	6.0	0	0	9.0	3	2.0	1	1	78	78-82	103	20.0	20.0	36.0	35.0	19.0	14.0	21.0	14.0	96.0	83.0
EC739832	27.3	38.3	2.0	51.7	1.5	86.3	7.8	2.8	2.3	15.0	5.0	2	0	7.0	3	2.0	1	1	94	94-98	119	76.0	68.0	55.0	55.0	68.0	53.0	51.0	45.0	250.0	221.0
EC739833	30.3	38.7	1.9	54.0	1.1	88.7	8.6	3.0	2.9	14.1	4.0	1	1	7.0	3	1.0	1	1	79	79-82	103	54.0	50.0	47.0	43.0	21.0	18.0	14.0	11.0	136.0	122.0
EC739834	28.7	36.3	1.8	47.0	1.3	76.3	9.0	3.1	2.8	40.0	5.0	0	0	7.0	3	1.0	1	1	83	83-87	108	30.0	27.0	34.0	33.0	25.0	21.0	25.0	23.0	114.0	104.0
EC739835	26.3	37.0	1.0	51.0	1.4	67.7	9.4	2.9	2.6	18.3	3.0	0	1	9.0	3	2.0	1	1	83	83-87	108	49.0	44.0	51.0	47.0	20.0	18.0	24.0	14.0	144.0	123.0
EC739836	22.2	29.7	1.2	32.7	1.1	54.3	8.6	2.3	1.9	7.1	6.0	0	0	9.0	3	1.0	1	1	74	74-88	109	15.0	13.0	5.0	4.0	13.0	11.0	1.0	1.0	34.0	29.0
EC739837	19.6	23.3	1.2	26.0	0.9	35.0	7.7	1.7	2.6	5.2	7.0	0	0	9.0	3	2.0	1	1	74	74-76	97	33.0	30.0	40.0	36.0	31.0	26.0	33.0	26.0	137.0	118.0
EC739838	16.7	22.0	1.2	19.7	1.0	38.8	7.1	2.5	2.0	2.9	8.0	0	0	5.0	3	1.0	1	3	69	69-71	92	60.0	51.0	55.0	55.0	68.0	52.0	51.0	47.0	234.0	205.0
EC739839	21.7	32.3	1.2	31.0	1.2	49.3	7.8	2.3	1.9	8.0	6.0	0	0	7.0	3	1.0	1	4	74	74-76	97	12.0	11.0	20.0	13.0	18.0	11.0	18.0	14.0	68.0	49.0
EC739840	19.3	27.8	1.0	30.0	1.0	40.7	8.4	2.4	2.0	5.6	9.0	2	0	5.0	3	1.0	1	4	72	72-74	95	19.0	18.0	23.0	17.0	22.0	18.0	19.0	18.0	83.0	71.0
EC739841	16.3	19.0	1.0	23.8	0.9	41.0	7.0	1.6	2.1	5.4	7.0	2	0	5.0	3	1.0	1	1	66	66-77	98	29.0	20.0	15.0	15.0	26.0	18.0	21.0	21.0	91.0	74.0
EC739842	19.3	33.7	1.1	27.7	1.0	41.3	7.9	2.2	1.8	5.4	8.0	5	0	7.0	3	2.0	1	2	66	66-76	97	43.0	31.0	27.0	23.0	32.0	28.0	31.0	22.0	133.0	104.0
EC739843	13.5	13.7	1.0	16.8	0.8	26.8	7.0	1.6	1.8	2.9	6.0	3	0	5.0	3	1.0	1	3	87	87-90	111	28.0	18.0	16.0	15.0	25.0	18.0	21.0	20.0	90.0	71.0
EC739844	17.0	24.2	0.8	21.0	0.9	46.0	7.4	2.1	2.6	2.5	7.0	2	0	5.0	3	2.0	1	2	87	87-90	111	27.0	18.0	16.0	15.0	24.0	18.0	21.0	20.0	88.0	71.0
EC739845	19.5	24.7	1.3	25.7	1.0	61.0	7.0	1.9	2.0	3.8	9.0	2	0	7.0	3	1.0	1	3	78	78-81	102	28.0	18.0	16.0	15.0	25.0	18.0	21.0	20.0	90.0	71.0
ADT 36	21.5	22.5	1.7	29.3	1.2	51.2	7.6	2.1	1.7	17.3	10.0	0	0	3.0	3	1.0	1	3	66	66-73	94	34.0	33.0	57.0	53.0	32.0	31.0	45.0	34.0	168.0	151.0
ADT 39	22.0	30.8	1.3	35.2	1.0	42.0	6.8	2.2	1.6	10.3	8.0	0	0	5.0	3	1.0	1	1	78	78-81	102	18.0	15.0	43.0	31.0	17.0	13.0	54.0	24.0	132.0	83.0
BPT 5204	17.2	23.7	1.3	29.7	1.1	53.7	7.4	2.1	1.7	22.5	6.0	0	0	3.0	2	1.0	1	1	71	71-80	101	28.0	28.0	35.0	34.0	27.0	26.0	45.0	26.0	135.0	114.0

GOVIND	19.7	29.3	1.1	27.7	0.8	42.3	8.5	2.4	1.9	12.4	8.0	0	0	3.0	1	1.0	1	1	54	54-66	87	21.0	21.0	27.0	26.0	25.0	23.0	23.0	18.0	96.0	88.0
IR 36	19.8	19.8	1.1	23.5	0.7	55.3	8.7	2.5	2.1	11.2	10.0	0	0	3.0	1	1.0	1	1	76	76-85	106	19.0	13.0	17.0	15.0	27.0	24.0	39.0	19.0	102.0	71.0
IR 50	16.2	19.8	0.9	20.8	0.7	57.3	8.1	2.1	1.9	2.0	8.0	0	0	5.0	0	1.0	1	1	60	60-63	84	23.0	23.0	15.0	14.0	23.0	23.0	39.0	36.0	100.0	96.0
IR 64	18.8	14.7	1.1	23.3	0.8	45.3	9.3	2.4	2.5	10.1	7.0	0	0	5.0	0	1.0	1	1	69	69-71	92	21.0	21.0	20.0	19.0	21.0	20.0	17.0	16.0	79.0	76.0
IR 8	20.8	21.0	1.3	26.5	1.1	52.3	8.6	2.8	2.4	8.6	5.0	0	0	5.0	0	1.0	1	1	83	83-87	108	22.0	21.0	27.0	25.0	21.0	19.0	15.0	11.0	87.0	76.0
JAYA	19.7	20.2	1.1	18.2	0.9	54.7	8.2	2.8	2.4	13.2	6.0	0	0	3.0	1	1.0	1	1	72	72-79	100	27.0	27.0	22.0	22.0	25.0	25.0	16.0	12.0	90.0	86.0
LALAT	22.7	31.7	1.0	29.7	0.7	56.3	8.6	2.3	2.3	11.8	7.0	0	0	3.0	1	1.0	1	1	70	70-79	100	18.0	16.0	16.0	12.0	23.0	15.0	22.0	7.0	79.0	50.0
MAHSURI	21.2	22.0	1.2	28.0	0.9	54.3	8.0	2.4	1.7	14.7	7.0	0	0	3.0	0	1.0	1	1	74	74-77	98	22.0	22.0	51.0	46.0	22.0	17.0	52.0	19.0	147.0	104.0
NDR 359	22.0	18.9	1.2	32.0	1.0	62.7	10.2	2.9	2.5	8.0	5.0	0	0	3.0	0	1.0	1	1	74	74-77	98	21.0	17.0	11.0	7.0	26.0	22.0	5.0	3.0	63.0	49.0
PR 106	20.0	23.3	1.1	31.3	0.9	55.5	8.0	2.4	2.2	10.2	5.0	0	0	3.0	0	1.0	1	1	78	78-83	104	6.0	6.0	29.0	29.0	26.0	25.0	43.0	37.0	104.0	97.0
PR 113	22.3	20.5	1.1	27.2	1.0	51.0	8.9	3.0	2.5	9.6	4.0	0	0	3.0	0	1.0	1	1	78	78-83	104	22.0	21.0	22.0	21.0	31.0	28.0	17.0	15.0	92.0	85.0
PR 116	22.5	20.3	1.1	30.0	0.9	50.3	8.6	2.4	2.5	8.5	5.0	0	0	3.0	0	1.0	1	1	75	75-81	102	23.0	20.0	41.0	29.0	27.0	19.0	25.0	9.0	116.0	77.0
PUSA BASMATI	20.2	24.0	1.2	31.0	1.1	48.0	9.6	2.4	2.3	12.0	7.0	0	0	3.0	0	1.0	1	1	63	63-66	87	4.0	4.0	22.0	21.0	19.0	17.0	18.0	10.0	63.0	52.0
PUSA 44	20.8	23.4	0.9	32.9	0.8	49.5	9.1	2.3	2.5	16.8	8.0	0	0	3.0	0	1.0	1	1	66	66-75	96	21.0	21.0	22.0	16.0	25.0	22.0	16.0	7.0	84.0	66.0
Saroja 52	22.0	23.5	1.2	32.0	1.0	49.3	8.0	2.4	2.2	7.3	6.0	0	0	3.0	0	1.0	1	1	73	73-76	97	25.0	25.0	21.0	20.0	19.0	19.0	24.0	21.0	89.0	85.0
Swarna	19.8	18.2	1.3	25.3	1.0	46.3	7.2	2.3	1.9	18.5	6.0	0	0	3.0	0	1.0	1	1	86	86-90	111	23.0	22.0	19.0	19.0	31.0	29.0	29.0	21.0	102.0	91.0
TJP 78	26.0	33.3	1.6	40.3	1.2	93.3	8.0	3.0	2.4	15.9	7.0	2	0	9.0	3	2.0	1	1	74	74-76	97	34.0	33.0	30.0	29.0	37.0	36.0	22.0	22.0	123.0	120.0
MTU	22.0	24.7	1.0	31.0	1.3	56.0	10.3	2.3	3.3	17.6	7.0	0	0	5.0	0	1.0	1	2	63	63-65	86	35.0	34.0	33.0	32.0	25.0	25.0	31.0	28.0	134.0	119.0
APM 6 B	20.3	27.3	1.5	34.7	1.4	54.0	7.4	2.3	1.8	14.5	9.0	1	0	5.0	0	1.0	1	1	76	76-81	102	39.0	33.0	34.0	33.0	27.0	24.0	28.0	15.0	128.0	105.0
AVT-IBT 2410	22.7	23.5	1.3	27.7	1.0	59.0	12.0	2.4	2.6	9.9	5.0	0	0	5.0	0	1.0	1	1	68	68-71	92	15.0	14.0	11.0	10.0	21.0	19.0	20.0	13.0	67.0	56.0
Sampada	21.4	27.3	1.0	27.3	0.8	52.7	7.8	2.3	1.7	16.6	20.0	0	0	9.0	3	1.0	1	1	76	76-81	102	13.0	13.0	21.0	20.0	21.0	19.0	27.0	14.0	82.0	66.0
TRP 1777	21.5	22.7	1.1	30.0	1.0	55.7	7.8	2.7	1.6	10.9	26.0	0	0	5.0	3	1.0	2	1	83	83-90	111	30.0	25.0	23.0	19.0	43.0	35.0	41.0	30.0	137.0	109.0
TJP 1	26.7	31.3	1.8	38.7	1.1	70.3	8.4	2.0	1.9	33.9	11.0	1	0	9.0	3	1.0	2	1	68	68-71	92	24.0	22.0	27.0	20.0	26.0	26.0	40.0	18.0	117.0	86.0
TJP 2	23.3	22.0	1.0	28.7	1.0	71.7	9.1	2.3	2.1	19.0	3.0	1	1	9.0	3	1.0	1	2	69	69-72	93	62.0	49.0	77.0	60.0	77.0	65.0	60.0	47.0	276.0	221.0
TJP 5	29.7	35.3	1.4	47.0	1.3	96.7	9.3	2.3	3.1	15.0	9.0	0	0	9.0	3	1.0	1	4	66	66-70	91	56.0	46.0	44.0	23.0	19.0	15.0	5.0	2.0	124.0	86.0
TJP 6	30.7	31.3	1.3	47.7	1.0	82.0	9.8	2.3	2.9	9.8	5.0	0	0	7.0	3	1.0	1	1	60	60-74	95	31.0	21.0	22.0	20.0	40.0	36.0	37.0	30.0	130.0	107.0
TJP 10	22.5	32.0	1.6	40.0	1.0	66.5	7.6	2.5	2.8	18.4	11.0	0	0	7.0	3	1.0	1	1	63	63-66	87	31.0	23.0	23.0	21.0	43.0	40.0	37.0	29.0	134.0	113.0
TJP 11	21.1	28.2	1.1	38.7	1.0	73.7	9.1	2.5	3.1	46.3	18.0	0	0	7.0	3	1.0	1	1	78	78-81	102	61.0	49.0	67.0	60.0	76.0	65.0	61.0	47.0	265.0	221.0

TJP 13	22.3	30.0	1.4	38.7	0.9	66.3	8.8	2.8	2.8	15.9	5.0	5	0	7.0	3	1.0	1	1	57	57-66	87	47.0	23.0	49.0	30.0	57.0	34.0	53.0	26.0	206.0	113.0
TJP 14	22.7	28.0	1.5	43.0	1.0	73.3	8.6	2.6	2.8	22.3	5.0	7	0	5.0	3	1.0	1	1	64	64-66	87	56.0	33.0	58.0	40.0	62.0	31.0	45.0	27.0	221.0	131.0
TJP 16	21.0	23.0	1.2	38.0	1.0	73.0	9.8	2.1	2.3	30.0	11.0	0	0	9.0	3	1.0	1	1	57	57-66	87	30.0	25.0	23.0	19.0	43.0	35.0	41.0	30.0	137.0	109.0
TJP 18	26	30.5	1.5	34.0	1.0	65.3	7.1	2.5	2.2	23.5	5.0	1	0	5.0	3	1.0	1	1	52	52-57	78	62.0	49.0	77.0	60.0	77.0	65.0	50.0	47.0	266.0	221.0
TJP 19	22.0	23.3	1.0	30.7	1.0	94.7	7.9	2.4	2.2	11.7	6.0	0	0	7.0	3	1.0	1	1	64	64-66	87	39.0	15.0	13.0	10.0	12.0	10.0	23.0	5.0	87.0	40.0
TJP 22	22.3	26.0	1.0	39.0	0.9	70.7	7.0	2.2	2.4	10.3	11.0	1	0	7.0	3	1.0	1	4	59	59-63	84	20.0	19.0	31.0	29.0	15.0	15.0	17.0	13.0	83.0	76.0
TJP 25	26.3	32.3	1.2	38.7	1.0	79.0	8.1	2.3	2.4	38.6	8.0	0	0	5.0	3	1.0	1	1	59	59-60	81	30.0	27.0	20.0	18.0	25.0	22.0	23.0	16.0	98.0	83.0
CNN 63	22.7	18.7	1.0	28.7	1.0	58.0	8.2	2.5	2.3	30.3	32.0	0	0	9.0	3	1.0	1	1	57	57-58	79	40.0	27.0	33.0	23.0	40.0	31.0	22.0	19.0	135.0	100.0
CNN 71	18.3	18.2	1.1	25.7	1.0	66.0	7.9	2.7	2.8	11.3	10.0	4	0	9.0	3	1.0	1	1	51	51-56	77	20.0	20.0	19.0	18.0	14.0	14.0	9.0	8.0	62.0	60.0
CNN 56	21.8	23.7	1.0	28.7	1.0	47.0	7.8	3.2	2.2	10.0	16.0	4	1	9.0	3	1.0	1	1	51	51-56	77	22.0	19.0	17.0	12.0	21.0	17.0	10.0	10.0	70.0	58.0
CNN 72	18.7	20.3	1.2	29.0	1.0	54.7	8.5	2.8	2.9	14.7	12.0	0	0	9.0	3	1.0	1	1	51	51-56	77	27.0	27.0	30.0	27.0	41.0	33.0	32.0	29.0	130.0	116.0
CNN 55	19.3	32.3	1.0	29.7	0.9	57.0	7.8	2.7	2.4	10.9	20.0	2	0	7.0	3	1.0	1	1	54	54-58	79	28.0	24.0	20.0	16.0	22.0	17.0	12.0	10.0	82.0	67.0
CNN 44	19.7	21.7	1.0	29.3	0.9	56.7	7.1	2.6	2.3	23.1	3.0	1	0	9.0	3	1.0	1	1	58	58-66	87	31.0	27.0	26.0	23.0	33.0	30.0	11.0	10.0	101.0	90.0
GF 7	16.0	22.5	1.0	18.7	0.9	55.0	7.7	2.7	2.2	5.5	7.0	0	1	3.0	0	1.0	2	1	52	52-55	76	34.0	33.0	30.0	29.0	37.0	36.0	22.0	22.0	123.0	120.0
GF 20	21.7	34.3	1.2	32.7	1.0	56.0	7.5	2.8	2.5	10.3	5.0	1	1	7.0	0	1.0	1	1	68	68-71	92	20.0	20.0	19.0	18.0	14.0	14.0	9.0	8.0	62.0	60
GF 45	17.3	22.7	1.0	27.3	1.0	64.3	8.4	2.6	2.5	15.7	8.0	0	1	3.0	0	1.0	1	4	69	69-72	93	7.0	7.0	8.0	8.0	14.0	13.0	13.0	12.0	42.0	40.0
GF-58	20.2	24.0	1.0	29.0	0.9	77.0	8.5	2.8	2.5	10.0	4.0	0	1	9.0	1	1.0	2	1	69	69-72	93	21.0	20.0	23.0	20.0	28.0	19.0	37.0	22.0	109.0	81.0
GF 67	20.0	25.2	1.3	28.3	1.0	50.5	7.7	2.6	2.4	16.6	5.0	2	1	5.0	0	1.0	1	1	59	59-63	84	26.0	25.0	19.0	19.0	19.0	19.0	23.0	22.0	87.0	85.0
GF-33	16.0	18.3	0.9	67.3	0.9	59.0	7.9	2.8	2.2	11.7	4.0	1	0	9.0	0	1.0	2	1	69	69-72	93	18.0	18.0	11.0	10.0	16.0	16.0	13.0	12.0	58.0	56.0

Tabela 4: Matriz de correlação da análise de 29 características avaliadas em acessos de arroz na DRR, Rajendranagar @ P (valor) 0,05 e 0,01
DTM (Dias para o encabeçamento) 50%Fl (50% floração), DTM (Dias para a maturação), PL (Comprimento da panícula), FLL (Comprimento da folha bandeira), FLW (Largura da folha bandeira), LLBFL (Comprimento da folha abaixo da folha bandeira), CL (Comprimento do colmo), GL (Comprimento do grão)

Trait	DTH	50% Fl.	DTM	PL	FLL	FLW	LL/FL	LLW/FL	CL	GL
Days to heading	1	0.966**	0.966**	0.136	0.148	0.296**	0.184	0.305**	0.117	0.031
50%flowering		1	0.999**	0.154	0.157	0.289**	0.181	0.276**	0.099	0.056
Days to maturity			1	0.152	0.155	0.283**	0.178	0.272**	0.097	0.057
Panicle length (cm)				1	0.719**	0.646**	0.739**	0.502**	0.713**	0.233
Flag leaf length (cm)					1	0.581**	0.738**	0.510**	0.606**	0.027
Flag leaf width (cm)						1	0.646**	0.726**	0.582**	-0.008
Leaf length/flag leaf(cm)							1	0.582**	0.718**	0.151
Leaf length width/flag leaf								1	0520**	0.093
Culm length (cm)									1	0.154
Grain length(mm)										1

Quadro 4 (Cont.) Matriz de correlação da análise de 29 características avaliadas em acessos de arroz no DRR, Rajendranagar @ P (valor) 0,05 e 0,01

Character	GB(mm)	100 Seed wt (g)	TPS	TPG	TSS	TSG	BPS	BPG	BSS	BSG
Days to heading	0.154	-0.002	0.137	0.206*	0.04	0.131	0.006	0.019	0.066	0.054
50% flowering	0.125	-0.032	0.107	0.172	0.009	0.099	0.001	0.019	0.069	0.054
Days to maturity	0.121	-0.036	0.108	0.172	0.008	0.098	0.002	0.019	0.070	0.545
Panicle length (cm)	0.360**	0.388**	0.372**	0.407**	0.429**	0.416**	0.124	0.144	0.232	0.222*
Flag leaf length (cm)	0.306**	0.248*	0.366**	0.399**	0.462**	0.454**	0.061	0.037	0.207*	0.149
Flag leaf width (cm)	0.446**	0.357**	0.409**	0.470**	0.407**	0.440**	0.212*	0.229*	0.232*	0.333**
Leaf length/flag leaf(cm)	0.440**	0.416**	0.361**	0.403**	0.424**	0.405**	0.087	0.080	0.314**	0.202*
Leaf length width/flag leaf (cm)	0.379**	0.381**	0.415**	0.443**	0421**	0.357**	0.141	0.138	0.230*	0.239*
Culm length (cm)	0.452**	0.463**	0.359*	0.378**	0.391**	0.400**	0.118	0.129	0.256*-	0.265**
Grain length (mm)	0.183	0.435**	-0.008	0.009	0.044	-0.076	0.006	0.015	-0.032	-0.060
Grain breadth/width (mm)	1	0.466**	0.152	0.248*	0.182	0.224*	0.026	0.035	-0.091	-0.028
100-filled seed-grain (g)		1	0.265	0.290**	0.139	0.150	0.133	0.138	-0.002	0.144
Top primary spikelets			1	0.929**	0.666**	0.657**	0.688**	0.653**	0.435**	0.488**
Top primary grains				1	0.660**	0.728**	0.593**	0.633**	0.393**	0.515**
Top secondary spikelets					1	0.919**	0.498**	0.442**	0.609	0.482**
Top secondary grain						1	0.486**	0.496**	0.622**	0.593**
Bottom primary spikelets							1	0.949**	0.654**	0.693**
Bottom primary grains								1	0.633**	0.745**
Bottom secondary spikelets									1	0.866**
Bottom secondary grains										1

Nota: GB (Grain breadth), 100-FSG (Filled seed grain),TPS (Total primary spikelets),TPG (Total primary grain), TSS (Total secondary spikelets), TSG (Total secondary grain) BPG (Bottom primary grain), BSS (Bottom secondary spikelets), BSG (Bottom secondary grain)

Tabela 4. (Matriz de correlação da análise de 29 características avaliadas em acessos de arroz na DRR, Rajendranagar @ P (valor) 0,05 e 0,01

Traits	TS	TG	PT/P	NPT/P	PE	SBP	Awn	GY
Days to heading	0.074	0.087	-0240*	-0.077	-0.141	0.011	-0.010	0.057
50% flowering	0.052	0.070	-0243	-0.084	-0.173	0.023	-0.053	0.041
Days to maturity	0.052	0.069	-0.242	-0.084	-0.174	0.024	-0.052	0.0421
Panicle length (cm)	0.355**	0.334**	-0.151	-0.139	0.345**	0.310**	-0.154	0.509
Flag leaf length (cm)	0.338**	0.297**	-0.037	0.106	0.347**	0.339**	-0.099	0.410**
Flag leaf width (cm)	0.405**	0.406**	-0.220*	0.063	0.219*	0.229*	-0.154	0.330**
Leaf length/flag leaf(cm)	0.338**	0.296**	0.155	0.008	0.431**	0.238*	-0.178	0.511**
Leaf length width/flag leaf (cm)	0.371**	0.318**	-0.231*	0.040	0.279**	0.200	-0.030	0.209*
Culm length (cm)	0.342**	0.320**	-0.056	0.007	0.496**	0.282**	-0.161	0.527**
Grain length (mm)	-0.020	-0.020	-0.119	-0219*	-0.057	-0.09*	-0.092	0.122
Grain breadth/width (mm)	0.085	0.147	-0.126	0.089	0.224*	0.041	-0.265**	0.259*
100-filled seed-grain (g)	0.163	0.212*	-0.292*	0.022	0.296**	0.005	-0.112	0.249*
Top primary spikelets	0.830**	0.776**	-0.076	0.140	0.213*	0.386**	-0.024	0.185
Top primary grains	0.770**	0.819**	-0.108	-0.012	0.194	0.277**	-0.050	0.222*
Top secondary spikelets	0.852**	0.748**	-0.025	0.003	0.242*	0.286**	-0.061	0.314**
Top secondary grain	0.822**	0.836**	-0.023	0-064*	0.194	0.226*	-0.090	0.354**
Bottom primary spikelets	0.836**	0.773**	0.038	0.097	0.008	0.263**	-0.083	0.180
Bottom primary grains	0.787**	0.813**	0.026	-0.063	-0.020	0.175	-0.100	0.176
Bottom secondary spikelets	0.809**	0.723**	0.008	-0.076	0.005	0.146	-0.054	0.223*
Bottom secondary grains	0.753*	0.809**	-0.032	-0.106	.051	0.151	-0.053	0.157
Total spikelets	1	0.906**	-0.016	0.043	0.146	0.320**	-0.095	0.277**
Total grains		1	-0.047	-0.074	0.107	0.238*	-0.081	0.259*
Productive tillers/plant			1	0.055	0.123	0.175	0.018	0.141
Non-productive tillers/plant				1	0.188	0.308**	-0.005	-0.037
Panicle exertion					1	0.534**	-0.056	0.311**
Secondary branching of panicle						1	-0.143	0.289**
Awn							1	-0.238*
Grain yield								1

TS (total de espiguetas), TG (total de grãos), PT/P (perfilho produtivo), NPT (perfilho não produtivo), PE (esforço da panícula), SBP (ramificação secundária da panícula), GY (rendimento de grãos)

Exercícios da panícula

Entre o total de materiais estudados e classificados de acordo com o Sistema de Avaliação Padrão do IRRI (1988), o descritor de arroz é apresentado no Quadro 5. Num estudo de investigação semelhante, Ilhamuddin *et al.*, (1988) relataram e descreveram o esforço da panícula como um carácter conspícuo em cultivares de arroz que contribui para o rendimento e o tipo de planta.

Tabela 5. Análise sumária do agrupamento de acessos de arroz com base em diferentes excreções da panícula.

S.No	Standard Evaluation System	Panicle exertion	Number of genotype
1	Enclosed (panicle partly or entirely enclosed within leaf shealth of flag leaf blade)	1	0
2	Partly exserted (panicle base is slightly beneath the collar of the flag leaf blade),	3	17
3	Just exserted (panicle base coincides with the collar of the flag leaf blade)	5	23
4	Moderately well exserted (panicle base is above the collar of the flag leaf blade)	7	18
5	Well exserted (panicle base appears well above the collar of the flag leaf blade	9	38

Tipo de planta promissor em materiais de arroz no presente estudo

Com base nas observações dos caracteres agro-morfológicos mostrados entre os materiais de arroz para o rendimento genético e o tipo de planta, os acessos promissores de arroz, *Oryza sativa* e *Oryza glaberrima e as suas* subespécies de África e Ásia.

Os acessos promissores foram seleccionados com base em 10 caracteres agronómicos importantes encontrados (Quadro 6).

Tabela 6. Tipo de planta selectiva promissora encontrada nos germoplasmas/acessões estudados

S. No	Trait	Species	No. Aaccession	Range
1	Panicle length (cm)	*O.sativa*	27	25~ above
		Japonica	6	
		indica	0	
2	Flag leaf length (cm)	*O.sativa*	32	25~above
		Japonica	12	
		indica	7	
		O.glaberrima	4	
3	Culm length (cm)	*O.sativa*	6	91~105
		Japonica	2	
		indica	0	
4	Grain length (mm)	*O.sativa*	33	7.5~ above
		Japonica	13	
		indica	30	
5	Leaf architecture	*O.sativa*	33	Erect leaf
		Japonica	14	
		indica	35	
6	Days to heading	*O.sativa*	4	50~59
		Japonica	5	
		indica	9	
	Days to maturity	*O.sativa*	3	70~76 days
		japonica	1	
		indica	8	
8	Single plant grain yield(g)	*O.sativa*	30	10~above
		Japonica	14	
		indica	27	
9	Total spikelets	*O.sativa*	22	130~above
		Japonica	8	
		indica	9	
10	Total grains	*O.sativa*	24	100~above
		Japonica	10	
		indica	8	

Conclusão

A avaliação de características de rendimento em acessos de arroz (*Oryza. Sativa L, Oryza glaberrima Steudel*) da Libéria-África e da Índia-Ásia foi efectuada na Direção de Investigação do Arroz, Rajendranagar, Hyderabad (Estado de Telangana), Índia. A investigação do rendimento de grãos e do tipo de planta desempenha um papel fundamental no programa de melhoramento, uma vez que os acessos inexplorados de novos genes associados ao rendimento e ao tipo de planta do arroz provocariam um aumento da produtividade das culturas e satisfariam a procura de alimentos por parte da população mundial. O objetivo geral do estudo de investigação foi efetuar uma análise comparativa dos parâmetros agro-morfológicos relativos ao rendimento de grãos e ao tipo de planta no germoplasma de acessos de arroz (*Oryza sativa* L, *Oryza glaberrima* Steudel)

A análise das variâncias com base nos 28 parâmetros morfo-agronómicos para o rendimento e o tipo de planta revelou níveis significativos de correlações entre o arroz. O nível de significância das correlações revelou uma maior variabilidade genética em todos os materiais avaliados durante os estudos de investigação da *kharif* 2012 e *rabi/kharif-2013* na DRR. Em ambos os parentais, a análise do rendimento de grãos de uma única planta revelou sete acessos (40,1 a 56,4 g/t colina de planta) como plantas de alto rendimento, 21 acessos (20,7 a 38,6) como plantas de médio rendimento e 68 acessos (20 a 38,6 g/t colina de planta) como plantas de baixo rendimento. A análise da topologia da panícula revelou categorias de 96 acessos para o total de grãos: 5 acessos (205 a 221) como de alta produtividade, 38 acessos (100 a 199) como de média e 53 acessos (39 a 99) como de baixa produtividade.

A análise da arquitetura foliar revelou 83 acessos com copa erecta e 13 com copa descaída. Da mesma forma, a exaustão da panícula mostrou zero acessos para o fechado, parcialmente exaurido: 17 acessos, apenas exercida: 23 acessos, moderadamente exercida: 18 acessos e bem exercida: 38 acessos. As características de arquitetura foliar e de esforço da panícula estudadas revelaram caracteres interessantes de rendimento de grãos que podem ser utilizados para melhorar os recursos genéticos inexplorados da cultura do arroz para aumentar a produtividade.

Para o tipo de planta promissor encontrado nos acessos de arroz, foram identificados 10 parâmetros principais de rendimento em *Oryza sativa* (comprimento da panícula (27), comprimento da folha bandeira (32), comprimento do colmo (6), comprimento do grão (33), copa das folhas (33), rendimento do grão (30), dias para o descabeçamento (4) e maturidade (3), total de espiguetas (22) e total de grãos (24), *japonica:* Comprimento da panícula (6), comprimento da folha bandeira (12), comprimento do colmo (2), comprimento do grão (14), copa das folhas (14), rendimento do grão (14), dias para o abrolhamento (5) e maturidade (1), total de espiguetas (8) e total de grãos (10). e *Indica* (comprimento da panícula (0), comprimento da folha bandeira (7), comprimento do caule (0), comprimento do grão (27), copa das folhas (35), rendimento do grão (27), dias para o abrolhamento (9) e dias para a maturidade (8), total de espiguetas (9) e total de grãos (8).

A caraterização morfológica de germoplasmas que compreendem as espécies *O.sativa* e *O.glaberrima* para rendimento de grãos e características de tipo de planta no presente estudo identificou acessos promissores e, por conseguinte, a genotipagem destes acessos com os genes candidatos comunicados para características agronomicamente importantes identificará novos alelos, confirmando a utilidade da extração de alelos dos genes candidatos de novas fontes de germoplasma de arroz.

Referências

Anónimo.(2013).World Rice Production.com (http://www.worldriceproduction.com)

Anónimo (2009). India: A Country Study: Crop Output". Biblioteca do Congresso, Washington D.C. setembro. (1995). Recuperado em 21 de março de 2009).

Akromah, R e Bennette-Lartey, S.O. (1986). Coleção de germoplasma de arroz no Gana-1985. Relatório sobre a coleção de germoplasma de arroz no Gana apresentado em cumprimento parcial dos requisitos do 1st Genetics Resources Conservation and Management Course. Instituto Internacional de Investigação do Arroz, Los Banos, Filipinas.

Bioversity International, IRRI e WARDA. 2007.

Counce, P.A., Wells, B.R., Gravois, K.A .(1992) Respostas do rendimento e do índice de colheita à ferfilização nigtrogénica pré-inundação em baixas populações de plantas de arroz. *J. Prod Agric* (5) 492-497.

Instituto Internacional de Investigação do Arroz, (2001). Rice Research and Production in the 21st Century. (Referência Gramene ID 8380).

Ano Internacional do Arroz. (2004). Ficha informativa "Gender and rice". [PDF] (GrameneReference ID 8371) Instituto Internacional de Investigação do Arroz, Rice Web.

Jeng, T.L., Wang, C.S., Chen, C.L., Sung, J.M. (2003a). Efeitos da posição do grão na panícula na atividade da enzima biossintética do amido em grãos em desenvolvimento da cultivar de arroz Tainung 67 e do seu mutante induzido por NaN3. *J. Agric. Sci.* 141, 303-311.

Jones, M. P., Dingkuhn, M., Aluko, G. K., & Semon, M. (1997). Interspecífico Oryza sativa L. x *O. glaberrima*

Steud. progenies in upland rice improvement. *Euphytica.* 92, 237-246

Khush,G. S (1999),Green revolution preparing for the 21st century. Genoma 42:646 655.

Ntano, D.A e Koutroubas S. D. (2002). Matéria seca, acumulação e translocação para arroz *indica* e *japonica* em condições mediterrânicas. *Field Crops Res.*74, 94-101

Peng J.Y, *et al.,* (1999). Os genes da "revolução verde" codificam moduladores de resposta à giberelina mutantes. Nature. 400 *256-261.*

Shimono,H.,Okada, <u>M.,</u>   <u>Yamakawa, Y.,</u>   Nakamura,H., Kobayashi,K.,

e Hasegawa, T. (2008). A variação genotípica no aumento da produtividade do arroz devido ao elevado teor de CO_2 está relacionada com o crescimento antes da colheita e não com o grupo de maturidade. *J. Exp. Bot.* (60). (2). Pp523-532

Tahir, M. I. ; Khalique, A. ; Pasha, T. N. ; Bhatti, J. A., (2002). Avaliação comparativa de farelo de milho, farelo de trigo e farelo de arroz na produção de leite de gado Holstein Friesian. Int. J. Agric. Biol., 4 (4): 559-560

Yih-Chuan Kuo e Charng-Pei Li. (1994). Análise genética do comprimento da folha e da largura da folha bandeira no arroz, *Jour.Agri. Res. China* 43(2). 123~134.

Printed by Books on Demand GmbH, Norderstedt / Germany